新能源及储能产教融合人才培养用书

archelios 光伏及其储能电站三维设计与仿真

逸莱轲软件贸易（上海）有限公司　**组编**

杨捷媛　李帅兵　王　瑞　**编著**

机械工业出版社

本书的主要内容是基于archelios软件的光伏 – 储能设计，针对我国光伏领域及基于新型电力系统的光储一体化建设需求，介绍了光伏及储能设计的基本原理和该软件的使用方法，书中提供了翔实的软件使用教程和大量的工程项目实例，图文并茂地展示了使用该软件进行光伏系统及光储一体化系统的设计过程。

本书适合从事光伏及储能行业的设计人员和工程技术人员阅读，也适合高等院校和职业院校相关专业学生作为专业课程或实践课程教材。

图书在版编目（CIP）数据

archelios光伏及其储能电站三维设计与仿真 ／ 逸莱轲软件贸易（上海）有限公司组编；杨捷媛，李帅兵，王瑞编著. -- 北京 ： 机械工业出版社，2025. 3.
（新能源及储能产教融合人才培养用书）. -- ISBN 978-7-111-77416-7

Ⅰ. TM615-39

中国国家版本馆CIP数据核字第2025GY9462号

机械工业出版社（北京市百万庄大街22号　邮政编码100037）

策划编辑：吕　潇	责任编辑：吕　潇　章承林	
责任校对：张亚楠　李小宝	封面设计：马精明	
责任印制：单爱军		

北京虎彩文化传播有限公司印刷

2025年3月第1版第1次印刷

184mm×260mm・9.5印张・150千字

标准书号：ISBN 978-7-111-77416-7

定价：69.00元

电话服务　　　　　　　　　　网络服务

客服电话：010-88361066　　机　工　官　网：www.cmpbook.com

　　　　　010-88379833　　机　工　官　博：weibo. com/cmp1952

　　　　　010-68326294　　金　书　网：www.golden-book.com

封底无防伪标均为盗版　机工教育服务网：www.cmpedu.com

本书编写委员会

指 导 单 位：逸莱轲软件贸易（上海）有限公司
上海熙能慧博科技有限公司

主 任 委 员：王　瑞

副主任委员：杨捷媛　李帅兵

委　　　员：（按拼音排序）

陈焕栋	陈　艳	丁亚茹	段春艳	樊青录	范瑞云
付　龙	胡小龙	李　波	李　雷	刘明洋	龙勇云
马晓秋	马彦花	马越超	毛志敏	屈道宽	孙　敏
王岸青	乌　兰	肖文平	徐　杰	张本松	张　瑾
张要锋	赵　浩	赵新宽	周美辰	左仲善	

前　言

党的二十大报告提出，积极稳妥推进碳达峰碳中和，加快规划建设新型能源体系。"双碳"目标为我国新能源产业的发展提供了前所未有的机遇与挑战，对新能源专业人才的培养提出了新的目标和要求。光伏发电作为一种清洁、高效、无污染的可再生能源发电技术，是构建清洁低碳、安全高效的能源体系的主力军，是构建以新能源为主体的新型电力系统的核心组成部分，正迎来前所未有的发展机遇。

光伏发电专业人才培养是促进光伏产业发展的前提和基础。教育部《加强碳达峰碳中和高等教育人才培养体系建设工作方案》明确指出要"进一步加强风电、光伏、水电和核电等人才培养"，这对光伏发电专业人才培养提出了更高要求。作为光伏发电专业人才培养的重要一环，实践能力培养是衔接理论教学与工程实践的桥梁。加强实践能力培养和培训，可使光伏发电专业的在校学生和从业人员在掌握光伏发电基本理论的基础上，在实际工程中学会运用各种设计工具和软件，实现学以致用。为此，本书基于光伏发电系统设计流程，借助光伏设计软件 archelios PRO，通过回顾光伏发电系统的基本结构，从软件的基本操作入手，详细阐述了光伏发电系统的设计流程，"手把手"指导光伏发电系统设计。本书旨在为在校学生和一线工程设计人员提供切实可行的指导与参考。

本书共 7 章，第 1 章主要回顾光伏发电系统的组成结构、运行原理和设计流程，第 2 章介绍了 archelios PRO 软件的基本操作步骤，第 3 章和第 4 章给出了基于 archelios PRO 的分布式光伏及其储能电站的 3D 项目设计及相关计算，第 5 章和第 6 章分别介绍了 SketchUp 和 Revit 与 archelios PRO 如何兼容并协作完成光伏项目的建模设计，第 7 章对 archelios PRO 中数据库的维护进行了详细说明。

本书既可作为高等院校新能源相关专业课程如"光伏电站设计""光伏发电原

理与系统"的辅导用书，也可作为本专科生完成"毕业设计（论文）"的自学用书及工程设计单位人员的参考书。希冀本书能够为对太阳能光伏发电系统设计感兴趣的各界人士提供详细的设计步骤指导及相关设计实例，以提升光伏发电系统设计水平。

本书编写过程中得到研究生朱睿琳、王赫、王宁、张林旺、宋平、尚春霞、马泽业、何仲德、韩永强的支持，他们为本书提供了详细的研究数据，并协助撰写了部分内容。Trace Software International 公司王瑞等为本书提供了众多信息与实物图片。在此，特向他们表示诚挚的谢意！

由于编著者水平有限，书中难免有疏漏和不当之处，恳请广大读者和业内专家批评指正。

编著者

目　录

前　言

扫码下载

archelios
培训大纲

第 1 章
光伏发电系统简介

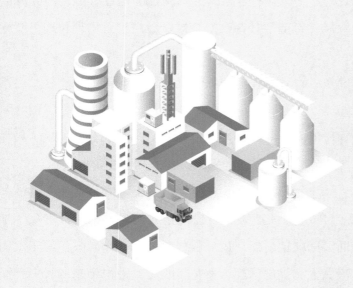

1.1 光伏发电——重要的新能源

光伏发电是一种利用半导体材料界面上的光生伏特效应而将光能直接转变为电能的技术。该技术系统主要包括三大核心部分：太阳电池板（组件）、控制器和逆变器。这些核心部件均由各种电子元器件构成。太阳电池通过串联连接形成电池组件，并经过封装保护以确保其稳定性和耐用性。太阳电池组件再结合功率控制器等辅助设备，最终组成了完整的光伏发电系统。

光伏效应的发现可以追溯到 1839 年，当时法国科学家贝克雷尔（Becquerel）观察到，光照射在半导体材料上时，能够在材料的不同部位产生电位差，这种现象被称为光生伏特效应（或简称光伏效应）。1954 年，美国科学家恰宾和皮尔松在美国贝尔实验室成功制造出了实用的单晶硅太阳电池，这标志着光伏发电技术的实用化进程正式开始。

进入 20 世纪 70 年代后，随着工业化的推进，全球面临着日益严重的能源危机和环境污染问题。传统化石燃料资源不断减少，并且对环境造成了严重的负面影响。同时，全球约有 20 亿人无法获得稳定的能源供应。在这种背景下，国际社会开始高度关注可再生能源的发展，寄望于其在改变全球能源结构、实现长期可持续发展方面发挥关键作用。

太阳能光伏发电的过程简单，设备中没有机械转动部件，既不消耗燃料，也不排放任何物质，无噪声且无污染。此外，太阳能资源分布广泛、取之不尽、用之不竭。因此，与风力发电和生物质能发电等新型发电技术相比，光伏发电展现了最强的可持续发展特征，具有丰富的资源和最洁净的发电过程。其主要优点包括：

1）太阳能资源取之不尽、用之不竭。地球上接收到的太阳能是目前人类消耗的能量的近 6000 倍，并且只要有光照的地方就可以使用光伏发电系统，避免了地域和海拔限制。尽管地球表面太阳能辐射因纬度和气候差异而不均匀，但由于太阳能资源随处可得，可就近解决发电和供电问题，避免了长距离输电带来的投资和能量损失。

2）光伏发电通过将光子直接转换为电子，省略了如热能转化为机械能、机械能转化为电磁能等中间过程，因此几乎没有机械损耗。根据热力学分析，光伏发电理论上能达到超过80%的效率，且具有较大的技术开发潜力。

3）光伏发电具有环境友好性。光伏发电过程不产生二氧化碳等温室气体或有害废气，有助于减缓全球变暖和空气污染；在运行时几乎没有机械噪声，避免了对环境的噪声污染；不需要冷却水或其他水源，避免了水资源的消耗和污染。

4）光伏发电能源独立，不依赖化石燃料，可以减少对石油、天然气和煤炭等传统能源的依赖，增强能源安全。光伏发电系统还可以安装在偏远或能源供应不足的地区，帮助这些地区获得稳定的电力供应。

5）光伏发电系统可以与建筑物设计相结合，如光伏屋顶瓦片和光伏幕墙，兼顾美观和功能性，光伏发电系统的安装可以与建筑节能设计相结合，减少建筑物的能耗，不需要单独占有土地，可节省宝贵的土地资源。

6）光伏发电系统没有机械传动部件，操作、维护简单，运行稳定可靠。只要有太阳和电池组件，系统即可发电，自动控制技术使其几乎无需人工干预，从而降低维护成本。

7）光伏发电系统具有稳定的性能和长久的使用寿命，通常超过30年。晶体硅太阳电池的使用寿命可达25~35年，而设计合理的蓄电池寿命则可维持10~15年。

8）太阳电池组件的技术进步和成本降低使其越来越广泛地应用于各种能源需求场景，太阳电池组件结构简单，体积小且质量小，便于运输和安装。光伏发电系统建设周期短，可以根据需求扩展，灵活调节容量，从小型家庭系统到大型光伏电站，适合不同规模的应用。

此外，分布式光伏发电系统近年来广泛应用于建筑物、农业设施及家庭屋顶上，除同样具有上述优点外，还有独特的优势：

1）分布式光伏发电系统几乎不占用土地资源，可以在接近使用地点处进行发电和供电，从而减少或避免了输电线路的使用，降低了输电成本。此外，光伏组件还可以直接代替传统的墙面和屋顶材料。

2）分布式光伏发电系统能够与配电网同时运行。在电网高峰期进行发电，有助于平衡电力负荷，缓解城市高峰期的电力需求，从而在一定程度上缓解局部地区的用电紧张问题。

当然，太阳能光伏发电也有它的不足，归纳起来有以下几点：

1）能量密度低。尽管太阳辐射到地球的能量总量极其庞大，但由于地球表面积广阔且大部分被海洋覆盖，实际上只有大约 10% 的太阳能能够到达陆地表面，这导致在陆地的每单位面积上实际能够接收到的太阳能量相对较少。太阳能的强度通常以太阳辐照度来表示，地球表面太阳辐照度的最高值约为 1.2 kWh/m^2，这意味着在最佳条件下，每平方米表面上每小时能够接收到最多 1.2kWh 的能量。然而，绝大多数地区的太阳辐照度都低于 $1kWh/m^2$。这表明，太阳能的利用本质上是低密度能量的收集和转化。

2）占地面积大。由于太阳能能量密度较低，光伏发电系统需要较大的占地面积来产生有效的电力。具体来说，为了实现 10kW 的光伏发电功率，大约需要占用 $70m^2$ 的空间，这意味着每平方米的发电功率大约为 160W。随着分布式光伏发电的推广和光伏建筑一体化发电技术的不断进步，光伏发电系统的占地问题正在得到缓解。分布式光伏发电系统能够在各种建筑物和构筑物上安装，包括屋顶和立面，从而有效地利用这些现有的空间资源。这种技术的发展使得光伏发电系统不仅可以减少对专门空地的依赖，还能充分发挥建筑物本身的潜力，从而逐步解决传统光伏发电系统占地面积大的问题。

3）转换效率较低。光伏发电的核心组成部分是太阳电池组件。光伏发电的转换效率指的是光能转换为电能的比率。目前晶体硅光伏电池的最高转换效率约为 26%。然而，当这些电池制成实际使用的组件时，其转换效率通常降至 16%~17% 之间。非晶硅光伏组件的最高转换效率则不超过 13%。由于这些组件光电转换效率较低，使光伏发电系统的功率密度也相对较低，这使得其在形成高功率发电系统时面临挑战。

4）间歇性工作。光伏发电系统在地球表面只能在白天运行，因为它依赖阳光产生电力，这导致系统在夜晚无法发电。这种工作模式与人们的用电需求和习惯不完全匹配。只有在没有昼夜变化的环境中，例如在太空中，太阳电池才能实现连续发电。

5）太阳能光伏发电系统受自然条件和气候环境的影响极大。其能量来源于太阳光的照射，而地球表面的太阳光照射强度受到多种因素的制约，包括季节变化、昼夜交替、地理纬度和海拔等。此外，天气条件（如阴云、雨雪、雾霾等）也会显著影响光伏发电系统的发电效率。同时，空气中的颗粒物（如灰尘）会积聚在电池组件表面，遮挡光线并降低系统的转换效率。因此，光伏发电系统的性能在不同地理位置上差异显著，通常在日照资源丰富的地区才能发挥最佳效果并实现较高的投资回报率。

6）系统成本高。目前，太阳能光伏发电的成本相对较高，主要原因在于其发电效率较低。与传统的发电方式（如火力发电和水力发电）相比，光伏发电的单位成本仍然偏高，这使得其广泛应用受到了一定限制。然而，值得注意的是，随着技术的不断进步和生产规模的扩大，太阳电池的光电转换效率正在不断提升，光伏发电系统的成本也在迅速下降。

7）晶体硅电池的制造过程涉及高污染、高能耗。晶体硅电池的主要原料是纯净的硅。这种元素在地球上的含量仅次于氧，主要以沙子（二氧化硅）的形式存在。然而，从沙子中提取并精炼出纯度达到 99.9999% 以上的晶体硅需要经过复杂的化学和物理处理过程。这些过程不仅消耗了大量的能源，而且伴随着一定程度的环境污染。

尽管太阳能光伏发电存在一些不足之处，但是面对全球化石能源的逐渐枯竭以及因化石能源过度消耗所导致的全球变暖和生态环境恶化，这些问题对人类生存构成了严重威胁。因此，大力发展可再生能源是解决这些问题的主要措施之一。太阳能光伏发电作为一种具有高度可持续性的可再生能源技术，近年来得到了国家政策的大力支持。一系列促进新能源及太阳能光伏产业发展的政策法规相继出台，推动了光伏产业的快速发展，技术水平不断提升，应用范围逐步扩大，未来在能源结构中的比例将越来越高。

太阳电池及光伏发电系统已经逐步应用到工业、农业、科技、国防及老百姓的日常生活中，预计到 21 世纪中叶，太阳能光伏发电将成为主要的发电形式之一，在可再生能源结构中占有一定比例。太阳能光伏发电的具体应用主要有以下几个方面：

1）用户太阳能电源：小型电源 10~100W 不等，用于偏远无电地区，如高原、海岛、牧区和边防哨所等军民生活用电，满足照明、电视、收录机等基本用电需求；3~5kW 家庭屋顶并网发电系统；光伏水泵：解决无电地区的深水井饮用、灌溉问题。

2）交通领域：如航标灯、交通 / 铁路信号灯、交通警示 / 标志灯、路灯、高空障碍灯、高速公路 / 铁路无线电话亭和无人值守道班供电等。

3）通信领域：太阳能无人值守微波中继站、光缆维护站、广播 / 通信 / 寻呼电源系统；农村载波电话光伏系统、小型通信机和士兵 GPS 供电等。

4）石油、海洋、气象领域：石油管道和水库闸门阴极保护太阳能电源系统、石油钻井平台生活及应急电源、海洋检测设备、气象 / 水文观测设备等。

5）家庭灯具电源：如庭院灯、路灯、手提灯、野营灯、登山灯、垂钓灯、黑光灯、割胶灯和节能灯等。

6）光伏电站：10kW~50MW 独立光伏电站、风光（柴）互补电站和各种大型停车厂充电站等。

7）太阳能建筑：将太阳能发电与建筑材料相结合，使得未来的大型建筑实现电力自给，这一方向具有广阔的发展前景。

8）其他领域：与汽车配套；如太阳能汽车 / 电动车、电池充电设备、汽车空调、换气扇、冷饮箱等；太阳能制氢加燃料电池的再生发电系统；海水淡化设备供电；卫星、航天器、空间太阳能电站等。

随着科学技术的不断发展和进步，光伏发电技术的应用领域还将不断拓展。

1.2 光伏发电系统

1.2.1 光伏发电系统的基本架构

光伏发电系统通过太阳电池组件和其他辅助设备将太阳能转换成电能。一般将光伏发电系统分为独立（离网）系统、并网系统和混合（互补）系统。

独立光伏发电系统在其封闭的电路内形成了一个自给自足的电力网络。系统通过太阳电池板捕获并转换太阳辐射能，将其直接转化为电能，以供给电力负载使用。多余的电能则经过充电控制器调节，并以化学能的形式储存在蓄电池中，以备日后使用。

并网光伏发电系统首先利用太阳电池组将太阳辐射能转化为电能。随后，这些电能经过高频直流转换器转换为高压直流电，接着通过逆变器将其转化为与电网电压频率和相位一致的正弦交流电流，并输送到电网中。混合太阳能光伏发电系统则包括市电互补光伏发电系统和风光互补发电系统等形式。

（1）独立光伏发电系统的构成

独立光伏发电系统的规模和应用形式非常多样化，从小到 0.3~2W 的太阳能庭院灯到大规模的兆瓦级的光伏电站都有涵盖，广泛应用于家庭、交通、通信和空间等各个领域。尽管光伏系统规模差异很大，但其组成结构和工作原理基本相同。独立太阳能光伏发电系统由太阳电池方阵、蓄电池组、控制器、DC/AC 变换器（逆变器）和用电负载等构成，如图 1.1 所示。

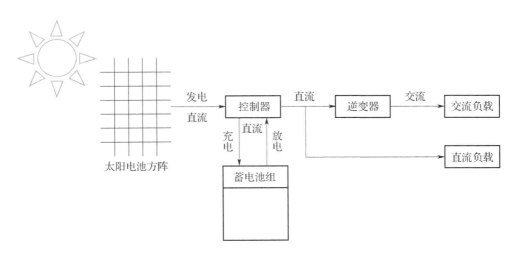

图 1.1　独立光伏发电系统的构成

（2）并网光伏发电系统的构成

并网光伏发电系统由太阳电池方阵、控制器和并网逆变器组成，通常不经过蓄电池储能，图 1.2 所示为并网光伏发电系统的构成。

并网光伏发电系统通过太阳电池方阵将光能转化为电能，然后将直流电流通过

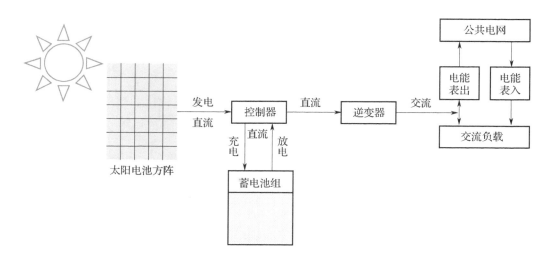

图 1.2　并网光伏发电系统的构成

直流配电箱输送到并网逆变器。某些类型的并网光伏发电系统还配备蓄电池组，用于存储直流电能。并网逆变器包括充放电控制、功率调节、交流逆变和并网保护切换等功能模块。逆变器将直流电转换为符合电网标准的交流电，以供给负载使用，剩余的电能通过电力变压器等设备输送到公共电网。当并网光伏发电系统由于天气条件导致发电量不足或用电量过大时，公共电网可以向交流负载提供电力支持。该系统还配备了监控、测试和显示系统，用于实时监测各个部分的工作状态、检测系统性能和统计发电数据，同时可以通过计算机网络进行远程数据传输和控制。

并网太阳能光伏发电系统的显著特点是太阳电池组件产生的直流电经过并网逆变器转换成符合市电电网要求的交流电之后直接并入公共电网，这种系统通常无需配置蓄电池，能够最大限度地利用光伏方阵所发的电能，从而减小能量的损耗，并降低系统的成本。然而，为了确保输出电力符合电网对电压和频率等电性能指标的要求，需要使用专门的并网逆变器。尽管如此，由于逆变器的效率限制，仍会有部分能量损失。这种系统通常能够并行使用市电和太阳能光伏发电系统作为本地交流负载的电源，从而降低系统的电力不足率，并对公用电网进行调峰。但并网太阳能光伏发电系统作为一种分散式发电系统，对传统的集中供电系统的电网会产生一些不良的影响，如谐波污染、孤岛效应等。

1.2.2　光伏发电系统的各组成部件

光伏发电系统是一种利用太阳电池将太阳辐射能转换为电能的发电装置。尽管太阳能光伏发电系统的应用形式多种多样，应用规模也跨度很大（从小到不足 1W 的太阳能草坪灯应用，到几百千瓦甚至几十兆瓦的大型光伏电站应用），但系统的组成结构和工作原理却基本相同，主要由太阳电池组件（或方阵）、储能蓄电池（组）、光伏控制器、光伏逆变器（在有需要输出交流电的情况下使用）等，和直流汇流箱、直流配电柜、交流配电柜与汇流箱、升压变压器、光伏支架以及一些测试、监控、防护等附属设施构成。

（1）太阳电池组件

太阳电池组件也叫光伏电池板，是光伏发电系统中负责光电转换的关键部件，也是光伏发电系统中价值最高的部分。这些组件的主要功能是将太阳光的辐射能转换为直流电能，这些直流电能可以储存到蓄电池中，也可以直接用于推动直流负载工作，或通过光伏逆变器转换为交流电为用户供电或并网发电。在大规模发电应用中，需要用多块电池组件串、并联构成太阳电池方阵，以满足更高的电力需求。目前，太阳电池组件主要分为两大类：晶硅组件和薄膜组件。晶硅组件进一步分为单晶硅组件和多晶硅组件，而薄膜组件则包括几种类型，如非晶硅组件、微晶硅组件、铜铟镓硒（CIGS）组件以及碲化镉（CdTe）组件。

（2）储能蓄电池

储能蓄电池主要用于离网光伏发电系统和带储能装置的并网光伏发电系统，其主要功能是存储太阳电池产生的电能，并可随时向负载供电。对光伏发电系统来说，蓄电池应具备自放电率低、使用寿命长、充电效率高、深放电能力强、工作温度范围宽、少维护或免维护以及价格低廉等基本要求。目前光伏发电系统配套使用的主要是铅酸电池、铅碳电池、磷酸铁锂电池和三元锂电池等，在小型、微型系统中，也可用镍氢电池、镍镉电池、锂离子电池或超级电容器等。当需要存储大容量电能时，通常会将多个蓄电池串联或并联组成蓄电池组。

（3）光伏控制器

光伏控制器是离网光伏发电系统中的关键部件，其主要功能是管理系统的整体运行状态并保护蓄电池，防止蓄电池过充电、过放电、系统短路、系统极性反接和夜间防反充等。在温差较大的地方，光伏控制器还具备温度补偿的功能。除此之外，光伏控制器还有光控开关、时控开关等工作模式，以及对充电状态、用电状态、蓄电池电量等各种工作状态的显示功能。光伏控制器一般分为小功率、中功率、大功率和风光互补控制器等。

（4）光伏逆变器

光伏逆变器的主要功能是将电池组件或者储能蓄电池输出的直流电能尽可能高效地转换成交流电能，提供给电网或者用户使用。根据运行方式的不同，光伏逆变器分为并网逆变器和离网逆变器。并网逆变器用于并网运行的光伏发电系统。离网逆变器用于独立运行的光伏发电系统。在特定工作条件下，光伏组件的功率输出将随着光伏组件两端输出电压的变化而变化，并且在某个电压值时组件的功率输出最大，因此大多数光伏逆变器配备了最大功率点跟踪（MPPT）功能，即逆变器能够调整电池组件两端的电压使得电池组件的功率始终保持在最大值。

（5）直流汇流箱

直流汇流箱主要是用在几十千瓦以上的光伏发电系统中，其作用是将来自电池组件方阵的多路直流电缆集中到一起，并通过分组连接至汇流箱。该汇流箱内配备光伏专用熔断器、直流断路器、电涌保护器和智能监控装置等组件，对电流进行保护和检测，然后将电力汇总输出至光伏逆变器。直流汇流箱的使用显著简化了电池组件与逆变器之间的连接，提高了系统的可靠性与实用性，不仅使线路布局井然有序，而且便于分组检查和维护。当组件方阵局部发生故障时，可以局部分离检修，不影响整体发电系统的连续运行，从而确保光伏发电系统发挥最大效能。

（6）直流配电柜

在大型的并网光伏发电系统中，除了需要许多个直流汇流箱外，还需配备若干个直流配电柜用于光伏发电系统中二、三级汇流。直流配电柜的主要功能是将来自各个直流汇流箱的直流电缆集中到一起，进行二次汇流处理，并将处理后的电力输出至并网逆变器。这种配置不仅优化了系统的电力分配，还简化了光伏发电系统的安装、操作和维护过程。

（7）交流配电柜与汇流箱

交流配电柜在光伏发电系统中扮演着关键角色，它负责连接逆变器与交流负载或公共电网。其主要功能包括接收、调度、分配和计量电能，以确保电力供应的安全性。此外，交流配电柜还负责显示各种电能参数，并监测系统故障。在组串式逆变器系统中，交流汇流箱通常用于将多个逆变器的交流电输出进行二次汇流。汇流后的交流电通过交流汇流箱送入交流配电柜。

（8）升压变压器

升压变压器在光伏发电系统中主要用于将逆变器输出的低压交流电（0.4kV）升压到与并网电压等级匹配的中高压（如 10kV、35kV、110kV、220kV 等），通过高压并网实现电能的远距离传输。小型并网光伏发电系统通常都是在用户侧直接并网，系统产生的电力自发自用、剩余电力直接馈入 0.4kV 低压电网，故不需要升压环节。

（9）光伏支架

光伏发电系统中的光伏支架主要有几种类型，包括固定倾角支架、倾角可调支架和自动跟踪支架。自动跟踪支架又分为单轴跟踪支架和双轴跟踪支架。其中单轴跟踪支架又可以细分为平单轴跟踪、斜单轴跟踪和方位角单轴跟踪支架三种。在光伏发电系统中，固定倾角支架和倾角可调支架的使用最为普遍。

（10）光伏发电系统附属设施

光伏发电系统的附属设施包括系统运行的监控和检测系统、防雷接地系统等。监控检测系统全面监控光伏发电系统的运行情况，涵盖电池组件串或方阵的运行状况，逆变器的工作状态，光伏方阵的电压/电流数据，发电输出功率、电网电压频率和太阳辐射数据等信息，该系统支持通过有线或无线网络进行远程监控，用户可以通过计算机、手机等终端设备实时获取相关数据。

1.3　光伏发电系统的设计方法

1.3.1　设计流程和基本思路（设计目标）

光伏发电系统的设计包括两个方面：容量设计和硬件设计。光伏发电系统容量设计的核心目标就是要计算出光伏发电系统在全年内正常运行所需的太阳电池组件和蓄电池的数量。这一过程需要确保系统在各种环境条件下都能保持最高的可靠性，同时在满足这种可靠性的前提下，尽可能降低系统的总体成本。光伏发电系统硬件设计的主要目的是根据实际需求选择合适的硬件设备，包括太阳电池组件的选型、支架设计、逆变器的选择、电缆的选择、监控制检测系统的设计、防雷设计和配电系统设计等。在进行光伏发电系统设计时需要综合考虑软件和硬件两个方面。不同类型的光伏发电系统，如独立光伏发电系统、并网光伏发电系统和混合光伏发电系统，其设计方法和关注重点也会有所不同。每种系统的设计都需要特别针对其功能和应用场景进行优化。

在开始光伏发电系统的设计之前，需要收集相关基本数据，主要用于系统计算和设备选型，如光伏发电系统安装的地理信息，包括地点、纬度、经度和海拔，该地区的气象数据，包括逐月的太阳能总辐射量、直接辐射量及散射辐射量，年平均气温和最高、最低气温，最长连续阴雨天数，最大风速及冰冻、降雪等特殊气象情况等。通过全面了解这些数据，可以确保所设计的光伏发电系统具备先进性、完整性、可扩展性和智能化，从而保障系统的安全性、可靠性和经济性。

1.3.2　主要参数和指标

光伏发电系统设计中的主要参数和指标有负载性能、太阳辐射强度、蓄电池容量、太阳电池方阵倾角和温度等。

1）负载性能。用户通常需要全天使用负载，白天使用的负载可由光伏发电系统直接供电，而夜间负载则由光伏发电系统中的蓄电池提供电力。因此，对于白天使用的负载，可以降低系统容量；对于夜间负载，则需要增加系统容量。对于昼夜同时使用的负载，应选择介于两者之间的容量。如果月平均耗电量变化小于 10%，可以视为平均耗电量一致的均衡性负载。

2）太阳辐射强度。太阳辐射强度具有随机性，并受到季节和气候变化的影响，很难获得太阳电池方阵安装后各时段精确的数据，因此通常依赖当地气象台提供的历史数据。所以在决定光伏方阵的尺寸时，首先要了解当地太阳辐照情况，仅知道 1~2 年的数据还不够，最好参考 8~10 年的平均值。对于大多数的光伏发电系统，只要计算倾斜面上的月平均辐照量便可，而无须计算瞬时值。太阳的年均总辐射能还应换算成峰值日照时数。

3）如果太阳电池方阵的安装倾角、纬度不同，太阳光对地面的辐照方位角也不同，所以为了获得较大的太阳辐照度，光伏阵列的倾斜度也不同。

4）太阳电池方阵的安装方位角。由于我国位于北半球，为了最大化太阳电池单位面积的太阳辐射接收量和发电量，通常建议将太阳电池方阵的方位角设置为正南方向。实际安装过程中可能会受到多种因素的限制，例如屋顶的坡度、地形的起伏、建筑物的结构以及可能的阴影遮挡等。在这种情况下，需要根据具体的安装环境调整太阳电池的方位角，以充分利用现有的地形和有效的安装面积。同时，应该尽量避开建筑物、树木等可能造成阴影的物体，以免影响太阳电池的性能。只要方位角偏离正南方向不超过 ±20°，对发电量的影响是比较小的。然而，为了优化发电效果，特别是在冬季时，可以考虑将太阳电池的方位角偏向正西方向20° 以内。这种调整可以使太阳电池的发电量峰值出现在中午稍晚的时间，从而提高冬季的发电量。有些太阳能光伏建筑一体化发电系统设计时，当正南方向太阳电池铺设面积不够时，也可将太阳电池铺设在正东、正西方向。

5）蓄电池容量。蓄电池容量是根据铅酸电池在没有光伏方阵电力供应条件下，完全由自身蓄存的电量供给负载用电的天数来确定的。

6）温度因素。在夏季，太阳辐射强度较高，使得太阳电池板产生的电量足以弥补因高温带来的能量损失。太阳电池标准组件（如 36 片太阳电池串联成 12V 蓄电池充电的标准组件）已经考虑了夏季温升的影响。但是在温度较低时，如 0℃ 或更低，铅酸蓄电池会出现一些问题。低温下，硫酸电解液的黏度增加，导致电解液扩散困难，电池内部的电阻也增大。此外，低温还容易使硫酸铅沉积更为紧密，从而阻碍了电化学反应的正常进行，导致铅酸蓄电池的放电容量显著下降。因此，设计太阳能光伏发电系统时，还要考虑温度这一影响因素。

1.3.3 设计时应考虑的影响因素

设计太阳能光伏发电系统是一个复杂的过程，因为在设计过程中牵

扫码看视频

光伏发电系统的设计方法和影响因素

涉的因素很多，如太阳辐射强度、气候、蓄电池性能和安装地点等，而且许多因素又是随时间不断变化的。如果在设计中能够有效地识别并关注主要因素，忽略一些次要因素，那么设计就变得比较容易了。太阳能光伏发电系统的设计需要考虑的主要因素如下：

1）太阳能光伏发电系统的使用地点，该地的太阳辐射能量。

2）系统的负载功率需求。

3）系统输出电压的类型和高低（直流或交流）。

4）系统每天需要工作小时数。

5）在阴雨天气等无阳光条件下，系统需连续供电天数。

6）负载的特性，纯电阻性、电感性还是电容性，启动电流的大小。

7）系统的总体需求数量。

第 2 章
设计软件 archelios PRO 的使用

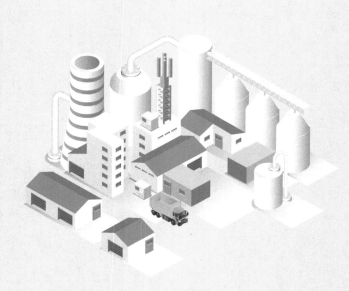

2.1 软件概述

archelios 光伏套件包括 archelios PRO 光伏电站建模及仿真软件和 archelios CALC 光伏电站电气计算及选型软件，覆盖从前期电站方案设计，可行性研究报告，到详细的电气选型设计。本书主要介绍 archelios PRO 光伏电站建模及仿真软件的使用。

archelios PRO 是一款功能全面的光伏电站方案设计和模拟仿真软件，其特点有：超过 15 年的应用迭代，Web 端登录即用，并提供 SketchUp/Revit/AutoCAD 插件，基于 Web 高清卫星地图的屋顶及电站三维建模，庞大且每日更新的数据库（全球气象、组件、逆变器、电池），逆变器自动选型及组串 MPPT 自动配置，阴影仿真及发电量计算，精确的消纳及储能配比计算，自带经济收益模型，PDF/EXCEL 报告导出。非常易学易用，非专业人员可零基础入门，能够极大地方便光储项目可研、初设、评估、研究等工作，适用于户用、工商业、集中式、山地各种项目类型。

2.2 软件登录

archelios PRO 登录界面如图 2.1 所示。

图 2.1　archelios PRO 登录界面

登录后，软件主界面如图 2.2 所示。主界面分为四个区域：账号区域、菜单区域、项目区域和教程区域。

图 2.2　软件主界面

1）账号区域：显示当前用户的软件版本，分为 FREE（免费）版、SILVER（白银）版、GOLD（黄金）版、PLATINUM（白金）版和 STUDENT（教育）版几个不同版本；下方显示当前版本的许可截止日期。

2）菜单区域：项目管理，用于新建和编辑项目，打开项目列表；数据库，用于维护用户自定义数据库，包括组件、逆变器、电池和气象数据库；个人资料，用户个人信息，以及账户密码修改；购买 / 价格，官方网站，会链接到 Trace Software 公司官网；技术支持，正式用户购买后会获取技术支持账号密码，通过此菜单创建技术支持报告，获取官方技术支持；常见问题，打开使用中的常见问题和使用技巧页面；最近更新，展示软件每次版本更新的具体内容；插件

小贴士

①登录前，用户账号和密码可通过"试用 archelios PRO"按钮进入官网，填写表单后可自动通过电子邮箱获取有限时间和功能的试用账号和密码。

② 也可通过官网 www.tracesoftware.cn 联系销售人员，开通全功能的企业版或教育版试用账号和密码。

SketchUp，可下载 archelios 提供的 SketchUp 插件安装包；插件 Revit，可下载 archelios PRO 提供的 Revit 插件安装包。

3）项目区域：上下整体分为"新项目"与"我的项目"两个版块，其中，"新项目"又分为"新建项目"、"启动项目"及"导入文件"三部分，分别可以新建基础与 3D 项目；直接启动来自 SketchUp、Revit 以及 K2 Base 的项目；导入 .a3d、.a3d.zip 及 .sdq3 扩展名的项目；在"我的项目"可以直接打开用户之前存档的项目。

4）教程区域：链接到官方视频教程网站。

2.3 项目的创建

2.3.1 新建项目

1. 普通项目

在新项目栏下，可以找到"新建项目"选项，在"新建项目"选项下面，可以找到新建普通项目选项，如图 2.3 中红框所圈（未圈出的为 3D 项目，将于后文中进行详细介绍）。

图 2.3　新建普通项目

普通项目可以满足无需三维建模的项目，例如无需模拟障碍物遮挡的情况，已知装机规模的情况。总之无需做三维建模就可以满足对一个光伏电站的无阴影遮挡损失发电量计算和收益评估。

（1）组件和逆变器选型

组件和逆变器选型如图 2.4 所示。根据实际需求，进行相关录入和选择。例如，是否单轴跟踪系统或填写组件安装方位角和倾角、组件制造商、组件类型及数量等。

图 2.4　组件和逆变器选型

　　选择完逆变器制造商后，单击"推荐有效逆变器"，软件将自动推荐此制造商符合条件的逆变器型号列表，并在下方显示 MPPT 和组串配置，选择合适的型号和配置，单击"确认"，如图 2.5 所示。

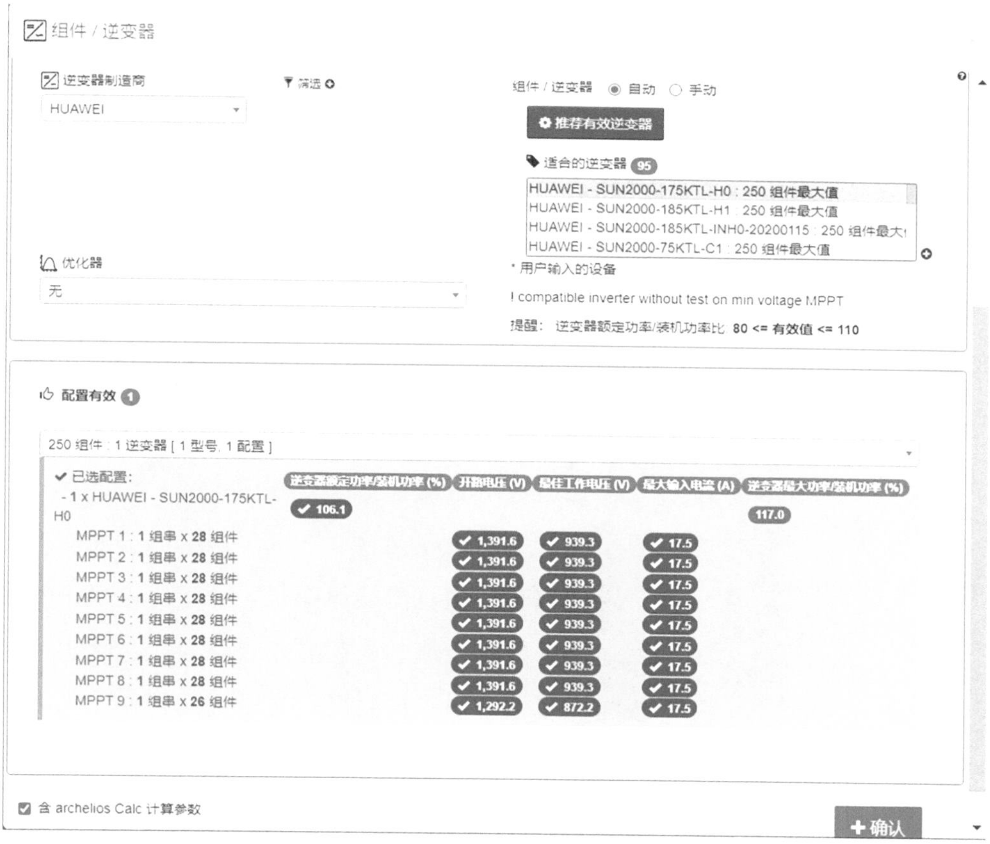

图 2.5　组件 / 逆变器选型

（2）发电量计算

根据选择的组件和逆变器，如图 2.6 所示，单击"计算发电量"，进行发电量详细计算。

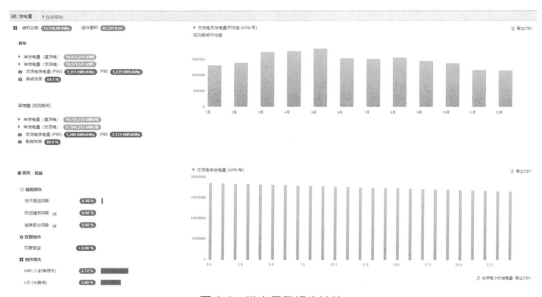

图 2.6　发电量及损失计算

其中，发电量又分为理论发电量与实际发电量。理论发电量指在统计周期内入射到光伏方阵中的太阳辐射按电池组件峰瓦功率转换的发电量；实际发电量指在统计周期内光伏电站各支路电流表计量的有功电量之和。

光伏电站电量消耗和损耗主要有以下：

光伏方阵吸收损耗：在统计周期内，光伏方阵按额定功率转换的直流输出电量（理论发电量）与逆变器输入电量的差值。光伏方阵吸收损耗包括组件匹配损耗、表面尘埃遮挡损耗、光谱失配损耗、入射角损耗、MPPT 跟踪损耗、温度影响以及直流线路中的损耗等。

小贴士

由于普通项目没有三维建模，无法仿真建筑的阴影损失，用户也可以在这个步骤导入其他已经完成三维建模项目的阴影损失数据，将其他项目的阴影损失数据加入到普通项目的发电量损失计算。

逆变器损耗：在统计周期内，逆变器将光伏方阵输出的直流电量转换为交流电量（逆变器输出电量）时所引起的损耗。

集电线路及箱变损耗：在统计周期内，从逆变器交流输出端到支路电表之间的电量损耗。集电线路及箱变损耗包括逆变器出线损耗、箱变变换损耗和厂内线路损耗等。

升压站损耗：在统计周期内，从支路电表到关口表之间的电量损耗。升压站损耗包括主变损耗、站用变损耗、母线损耗及其他站内线路损耗。

普通项目软件不会计算附近建筑（障碍物）阴影和部分（组串部分遮挡）阴影带来的辐照损失，损失默认为 0%，如图 2.7 所示。

图 2.7　损失 – 收益

（3）自用电和储能设置

如果项目有自发自用的情况，则需要添加自用电相关负载参数；如项目考虑配置储能，则可以在菜单中添加储能，以提高电站发电消纳率。

（4）经济设置

通过设定总成本和其他经济参数以及上网电价、用户购电电价，可以计算出相应经济收益指标。

（5）项目导出

根据以上设置的各种参数，在输入具体的公司名称、地址以及项目概况后导出包含气象数据、太阳辐照度、装机功率、年发电量、系统效率及年收益的项目投资收益计算报告。

1）分享。用于在云端不同用户间的项目分享。输入对方账号用户名或绑定用户名的电子邮箱，项目将以副本的形式发送到对方账号项目数据库中，对方可以在其项目列表中看到分享的项目。此方式便于 archelios PRO 不同用户间的协同工作、项目共享、校验等。

2）项目对比。可以将两个或多个项目重要指标参数进行对比，从而指导用户选择最优的方案。用户单击"添加项目做对比"，在项目列表中选择其他项目名称，即可加入到对比列表，项目主要对比的指标有：装机功率、平均交流发电量、系统效率、度电成本、投资额、净现值和项目说明。

2. 3D 项目

在新项目栏下，可以找到"新建项目"选项，在"新建项目"选项下面，可以找到新建 3D 项目选项，如图 2.8 中红框所圈。

新建项目

> a archelios PRO basic

> a archelios PRO 3D

图 2.8 新建 3D 项目

扫码看视频

archelios PRO
3D 项目创建

新建 3D 项目与新建普通项目类似，只是在第二步组件和逆变器配置中可基于卫星地图绘制建筑物，定义组件的具体布置方式，形成光伏电站和三维模型，用于模拟阴影和计算损失，如图 2.9 所示。

在绘制 3D 项目的过程中，可选择斜顶（彩钢瓦屋面）、平顶（水泥屋面）、地面（车棚）、阴影建筑（用于仿真周边建筑阴影）进行绘制。

第 3 章将详细介绍 3D 项目的设计过程。

图 2.9　绘制 3D 项目

2.3.2　启动项目

1. 来自 SketchUp 的项目

首先，单击左侧菜单栏的"插件 SketchUp"，如图 2.10 所示。在此之前，用户需要自行安装或购买 SketchUp 软件，安装 SketchUp 软件后，再下载 archelios 插件，如图 2.11 所示。

图 2.10　插件 SketchUp

2.　安装 archelios 插件

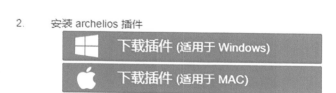

图 2.11　下载 archelios 插件

在下载 archelios 插件安装文件并执行完安装后，重新打开 SketchUp 软件，就可获取到 SketchUp 插件，并进行组件布置、阴影分析、辐照计算，导出 archelios PRO 计算发电量等功能。

2. 来自 Revit 的项目

Revit 软件是由 Autodesk 公司开发的系列软件，主要用于建筑信息模型（BIM）的设计、建造和维护。Revit 软件需用户先自行安装，再下载并安装由 archelios PRO 提供的 Revit 插件，如图 2.12 和图 2.13 所示。

在安装 archelios PRO 插件后，打开 Revit 进行建筑模型后，通过插件进行光伏组件的选型和布置，布置结束后，可将 Revit 模型导入 archelios PRO 进行后续的计算，如图 2.14 所示。

图 2.12　插件 Revit

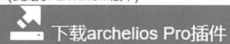

图 2.13　下载 archelios PRO 插件

图 2.14　Revit 模型导入 archelios PRO

3. 来自 K2 Base 的项目

K2 Base 是德国 K2 systems 公司的 K2 支架系统设计软件。

单击"项目管理"栏，在"启动项目"栏下可以找到"来自 K2 Base"按钮，如图 2.15 所示，单击即可添加来自 K2 Base 的项目，archelios PRO 能自动识别 K2 Base 项目中的建筑三维模型和组件数据，从而进行逆变器配置、阴影损失、发电量仿真、消纳与储能和经济收益等计算。

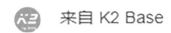

图 2.15 导入 K2 Base 项目

2.3.3 导入项目

1. 导入 archelios PRO 的 .a3d 格式项目

.a3d 或 .a3d.zip 格式为 archelios PRO 项目本地导出格式，如图 2.16 所示，可以导入 archelios PRO 本地备份的项目，进行查看和继续设计。

archelios PRO (.a3d, .a3d.zip)

图 2.16 导入 .a3d 格式项目

2. 导入 Sunny Design 的 .sdp3 格式项目

Sunny Design 是德国 SMA 公司开发的一款用于规划设计含有和不含自身消耗选择、离网系统的光伏电站以及规划设计光伏混合电站和能源系统的软件。

.sdp3 即为 Sunny Design 的项目导出格式，如图 2.17 所示，将 .sdp3 项目导入，archelios PRO 能自动识别 Sunny Design 项目中的建筑三维模型、组件数据和逆变器配置，从而进行阴影损失、发电量仿真、消纳与储能和经济收益等计算。

图 2.17 导入 .sdp3 格式项目

archelios 光伏及其
储能电站三维设计与仿真

第 3 章
分布式光伏及其储能电站的 3D 项目设计

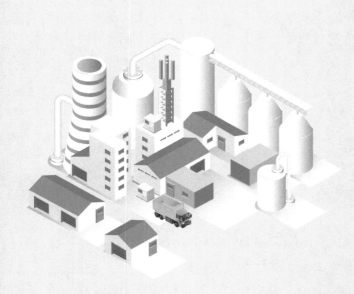

3.1 项目参数设置

单击"登录"后进入下方界面，然后单击"archelios PRO 3D"，如图 3.1 所示。

图 3.1　主界面

3.2 项目地点及气象数据

3.2.1 项目定位

1）输入项目名称，输入项目地址，单击"查找"按钮，如图 3.2 所示。

图 3.2　查找项目地点并获取坐标

2）可以在右侧百度地图窗口，通过鼠标缩放，单击选定更精确的地点定位，经纬度随着具体单击地点自动填入。

3.2.2 气象站数据

单击"获取气象数据"按钮，如图 3.3 所示。即可得到项目地点最近的气象站数据。

图 3.3 获取气象数据

气象站数据默认来自 Meteonorm 官方数据库，截至出稿时采用 8.1 版本，包含气象站、海拔、距离项目地点距离以及 1996—2015 年间的太阳辐照数据，包含水平面总辐照、直接辐照、散射辐照，图 3.4 所示则展示了月度平均辐照数据。

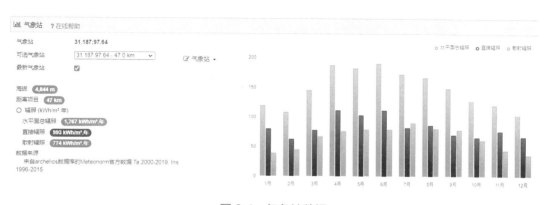

图 3.4 气象站数据

此外，日照量、风速、气温、空气浑浊度数据获取时段为 2000—2019 年间，如图 3.5 所示。

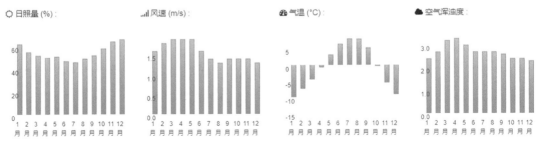

☼ 日照量 (%)　　　｜｜｜ 风速 (m/s)　　　🎚 气温 (°C)　　　☁ 空气浑浊度

图 3.5　项目地日照量、风速、气温和空气浑浊度数据

小贴士

①气象站数据对光伏电站设计和发电量预测尤为重要，本软件官方集成 Meteonorm 气象站数据库，用户如有其他需求，也可以自行导入其他气象站数据库，例如来自 Solargis、PVGis 的数据库，如图 3.6 所示，通过单击"添加气象站"按钮可打开"气象站详情"，并进行导入设置。

②导入后的气象站数据将存储在本用户账号下的气象站数据库中，用户可在其他项目设计时继续选用此数据。在最后章节，我们也将介绍如何集中维护软件数据库，包括气象、组件、逆变器和电池数据库。

⚡ 气象站详情　　　　　　　　　　　　　　　　　　×

气象站名称

纬度 (°)	经度 (°)	海拔 (m)
39.900	116.394	55

时区 (-12 < +14)　　　　　　　　　气候

8.0　　　　　　　　　　　　　　　　大陆性

直接辐照　　　　　　　　　　　　　○ 直接辐照　○ 平均

散射辐照

导入3E TMY
导入3E TMY (Web服务)
导入archelios(csv)
导入Helioclim TMY3
导入Helioclim PVSyst TMY
导入NREL TMY3
导入PVGis TMY
导入PVGis (txt)
导入PVGis (txt) (Web服务)
导入Solargis TMY
导入Solargis TMY3
导入Solargis每月数据(csv)
导入Solargis PVSyst TMY

值：

0

导入数据 ▴　📄 templateMeteo.csv　　　　　　添加气象站　关闭

图 3.6　气象站详情

3.2.3　项目地辐照数据

1）"项目地点"窗口下方即可查看经过软件根据气象站数据校正计算后的具体项目地点的"辐照及最佳倾角数据"。

项目地点辐照计算数据：通过气象站数据，本软件还可以精确计算项目地点的各种辐照数据（项目地通常距离气象站有一定距离，因此辐照数据不能完全参考气象站数据），为软件接下来的仿真计算提供更准确的数据参考，如图 3.7 所示，项目地点辐照数据包含地平面阴影（远阴影，数据来自 NASA）、每月太阳轨迹图、水平面辐照（不含阴影）、水平面辐照（含阴影）、倾斜面最优辐照（含阴影）以及项目地点的海拔和软件计算得出的组件最佳方位角和倾角。

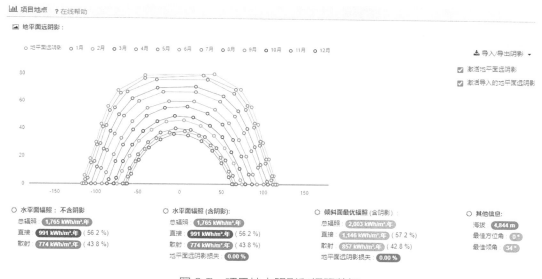

图 3.7　项目地点阴影和辐照数据

2）在"项目地点辐照（含阴影）"在窗口最下方软件提供了根据具体组件安装方位角和倾角计算的更具体辐照数据。如图 3.8 所示，用户可以输入方位角 90°（北半球朝向正西），倾角 33°，软件计算得出具体月度辐照数据，并得出相对最优角度时损失为 21.29%。

此数据可方便用户查看组件安装角度对接收具体辐照的影响，从而根据项目实际情况选择最合适的角度进行设计。

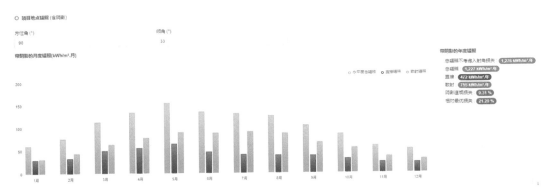

图 3.8　项目地点自定义倾角方位角的月度辐照查询

单击"下一步"按钮即可进入"组件 / 逆变器"的设置。

3.3 组件及逆变器

3.3.1　绘制建筑模型

1. 斜面屋顶建模

1）选择"组件 / 逆变器"选项，在地图中找到需要建模的斜面屋顶，如图 3.9 所示。

扫码看视频

斜面屋顶建模

图 3.9　3D 屋顶建模

2）选择"绘制区域"选项里面的"斜顶"，如图 3.10 所示。

图 3.10　斜顶建模

3）单击"斜顶"后鼠标会变为一个白色圆点，可依次单击在地图中勾勒模型。

小贴士　在勾勒模型的时候可根据实际情况添加禁区，选中屋面，单击"添加禁区"选项，如绘制通风井、电梯口、烟囱等，在布局的时候系统会自动避开这些部分，选择合适的布局方式，如图 3.11 所示。

图 3.11　勾勒屋顶和添加障碍物

4）绘制完屋顶后会在右侧弹出参数窗口，可根据实际情况填写设计参数，如图 3.12 所示。

图 3.12 斜面屋顶参数

区域参数如下：

名称：可输入当前屋面的名称，便于区别和标识。

面积：软件根据所绘制屋面形状计算的屋面垂直投影面积。

类型：屋面类型，可修改。

坡底：默认为第一条绘制的线，可通过单击"选择边"重新定义屋面坡底边，坡底边在图形中显示为绿色。

高度：坡底边的离地高度。

坡度：以坡底边高度为基准的屋面倾角。

最大高度：考虑坡度后的屋面最大高度。

方向：屋面的朝向方位角（在北半球，南为 0°，东为 -90°，西为 90°，北为

180°；在南半球，南为 180°，东为 -90°，西为 90°，北为 0°）。

屋顶面积：考虑坡度后的屋面实际面积。

禁区宽度：屋面边缘到不允许布置组件区域的距离宽度，自动应用到屋面所有边缘。

添加阵列：显示组件布置参数设置界面，用于在所选屋面自动布置组件。

5）参数设计完成后会在右侧弹出模型的三维视图，即建模完成，如图 3.13 所示。

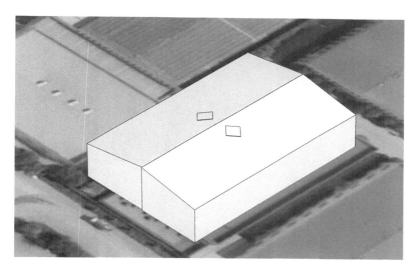

扫码看视频

示例：3D 光伏车棚建模

图 3.13　模型三维视图

2. 平面屋顶建模

1）在地图中找到需要建模的平面屋顶，然后选择"绘制区域"选项里面的"平顶"，如图 3.14 所示。

扫码看视频

平面屋顶建模

图 3.14　"平顶"选项示例

2）单击"平顶"后鼠标会变为一个白色圆点，可依次单击在地图中勾勒模型，如图 3.15 所示。

图 3.15　勾勒模型示例

3）绘制完屋顶后会在右侧弹出参数窗口，可根据实际情况填写设计参数，如图 3.16 所示。

区域参数如下：

名称：可输入当前屋面的名称，便于区别和标识。

面积：软件根据所绘制屋面形状计算的屋面垂直投影面积。

类型：屋面类型，可修改。

参照物：为光伏组件在此屋面布置时的默认朝向边，可通过单击"选择边"重新定义参照物，在图形中显示为绿色边。

高度：屋面的离地高度。

女儿墙：设置女儿墙的高度和宽度。

禁区宽度：屋面边缘到不允许布置组件区域的距离宽度，自动应用到屋面所有边缘。

添加阵列：显示组件布置参数设置界面，用于在所选屋面自动布置组件。

图 3.16　平面屋顶参数

4）参数设计完成后会在右侧弹出模型的三维视图，即建模完成，如图 3.17
所示。

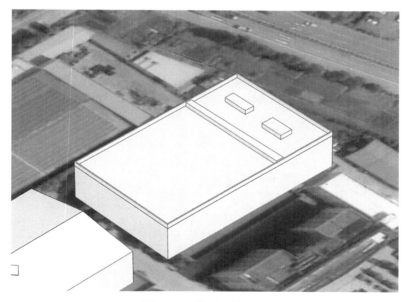

图 3.17　模型三维视图

3. 绘制屋顶障碍物

1）选中屋面，单击"添加禁区"选项，如绘制通风井、电梯口、烟囱等，如图 3.18 所示。

图 3.18 "添加禁区"选项

2）根据需求绘制障碍物模型，在弹出的参数窗口中可根据实际情况填写设计参数，如图 3.19 所示。

禁区参数如下：

面积：所绘制障碍物的垂直投影面积。

高度：障碍物高度。

禁区宽度：障碍物周边不允许布置组件的距离宽度。

3）填写完参数后会在右侧弹出模型的三维视图，最终布置的组件会避开障碍物，如图 3.20 所示。

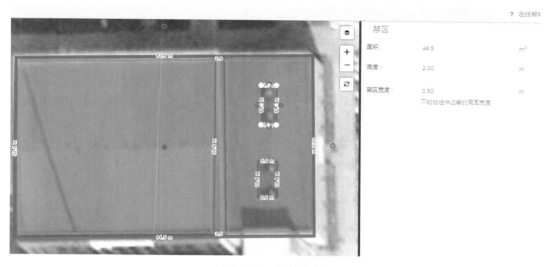

图 3.19　设计参数

图 3.20　模型三维视图

4. 地面电站区域建模

1）在地图中找到需要建模的地面电站区域，然后选择"绘制区域"选项里面的"地面"，如图 3.21 所示。

2）单击"地面"后鼠标会变为一个白色圆点，可依次单击在地图中勾勒模型，如图 3.22 所示；模型勾勒完成后即可添加光伏阵列。

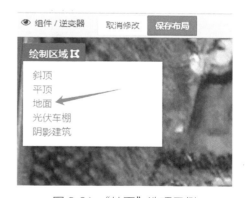

图 3.21　"地面"选项示例

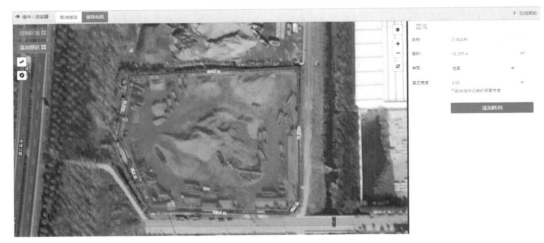

图 3.22　勾勒地面电站区域

区域参数如下：

名称：可输入当前区域的名称，便于区别和标识。

面积：所绘制区域面积。

类型：区域面类型，可修改。

禁区宽度：区域边缘到不允许布置组件区域的距离宽度，自动应用到区域所有边缘。

添加阵列：显示组件布置参数设置界面，用于在所选区域自动布置组件。

5. 阴影建筑建模

1）在地图中找到需要建模的阴影建筑区域，然后选择"绘制区域"选项里面的"阴影建筑"，如图 3.23 所示。

阴影建筑建模

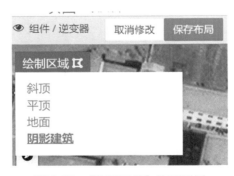

图 3.23　"阴影建筑"选项示例

2）单击"阴影建筑"后鼠标会变为一个白色圆点，可依次单击在地图中勾勒阴影建筑模型，如图 3.24 所示。

图 3.24　勾勒阴影建筑

3）模型勾勒完成后会在右侧弹出参数窗口，可根据实际情况填写设计参数，如图 3.25 所示。

区域参数如下：

名称：可输入当前用于产生阴影的建筑名称，便于区别和标识。

面积：当前阴影建筑的区域面积。

类型：建筑面类型，可修改。

高度：阴影建筑高度，建筑高度不同，对周边光伏电站产生的阴影不同，此高度会用于仿真对周边光伏电站由于此建筑产生阴影带来的发电损失。

区域

名称：	区域名称	
面积：	1,648.7	m²
类型：	阴影建筑	⌄
高度：	32.00	m

图 3.25　阴影建筑参数

4）参数设计完成后会在右侧弹出模型的三维视图，即建模完成，如图 3.26 所示。

图 3.26　模型三维视图

6. 导入建筑图纸建模

对于现场区域建筑在卫星地图中没有实时更新，可采用无人机航拍图片建模或建筑图纸建模，在这讲解导入建筑图纸建模步骤。

1）在卫星地图中找到需要导入建筑图纸建模的区域，然后单击屏幕右上角的"图层"按钮，如图 3.27 所示。

图 3.27　建筑图纸"导入"按钮

2）单击按钮后会弹出白色窗口，然后在窗口中单击"导入"按钮，在屏幕右侧会弹出一个导入类型的窗口，选择"导入 PDF"，如图 3.28 所示。

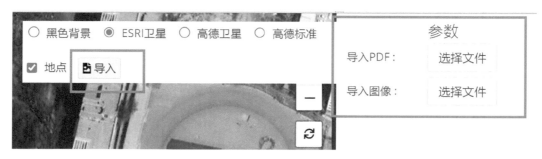

图 3.28　导入 PDF 文件

3）单击"选择文件"按钮后在弹出的文件夹窗口中选择要导入的建筑图纸，然后单击打开；导入图片后根据软件和卫星地图的比例和方位来调整好建筑物图片的方位和比例，可单击屏幕左侧"测量"和"方位"按钮进行辅助调节，如图 3.29 所示。

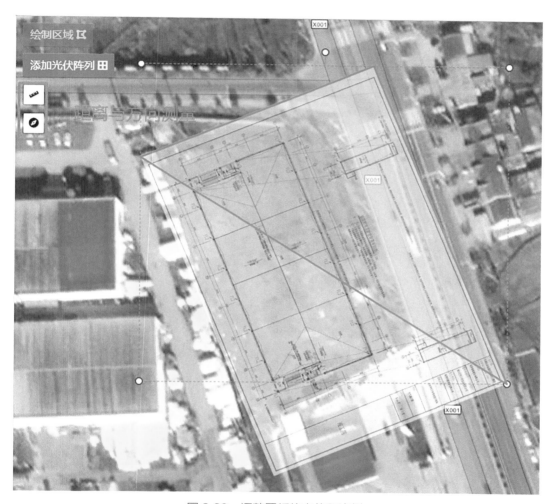

图 3.29　调整图纸的方位和比例

4）调整好方位和比例后可根据屋顶结构及类型进行建模，继而安装光伏阵列。

比例调整可以通过图 3.29 的方向与距离长度测量工具，先在地图上确定方向，固定距离长度，然后通过鼠标旋转和拖动在编辑状态的图纸，使其与工具测量的方向和距离一致，如图 3.30 所示。

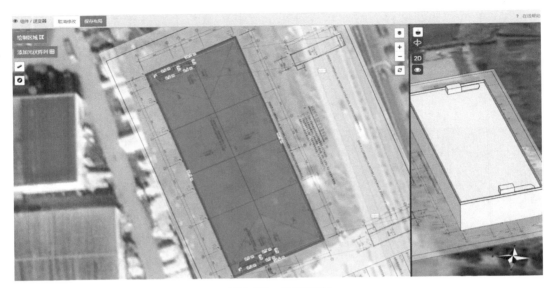

图 3.30　模型搭建

7. 导入无人机航拍图片建模

对于现场区域建筑在卫星地图中没有实时更新，可采用无人机航拍图片建模，以图 3.31 为例。

图 3.31　无人机航拍图片示例

1）在卫星地图中找到需要导入无人机航拍图片建模的区域，然后单击屏幕右上角的"图层"按钮，如图 3.32 所示。

2）单击"图层"按钮后会弹出白色窗口，然后在窗口中单击"导入"按钮，在屏幕右侧会弹出一个导入类型的窗口，选择"导入图像"，如图 3.33 所示。

图 3.32　无人机航拍图片"导入"按钮

图 3.33　导入图像文件

3）单击"选择文件"按钮后在弹出的文件夹窗口中选择要导入的无人机航拍图片，然后单击"打开"按钮，如图 3.34 所示。

图 3.34　导入无人机航拍图片

4）导入图片后根据软件和卫星地图的方位和比例来调整好建筑物图片的方位和比例，可单击屏幕左侧"测量"和"方位"按钮进行辅助调节，如图 3.35 所示。

图 3.35　调整图片的方位和比例

5）调整好方位和比例后可根据屋顶结构及类型进行建模，继而安装光伏阵列，如图 3.36 所示。

图 3.36　模型搭建

3.3.2　添加光伏阵列

1. 选组件

1）选中已经建模好的区域，在右侧弹出的窗口中单击"添加阵列"按钮，如图 3.37 所示。

注意："参照物"是指建筑物的"绿色"边，即组件默认朝向的一侧，用户可以单击"选择边"，鼠标指定建筑物南侧或矮侧的边，修改默认朝向边。

图 3.37　添加阵列

2）单击"添加阵列"按钮后在新窗口中单击"选组件"按钮，如图 3.38 所示。

3）单击"选组件"按钮后会来到组件库，在组件库中可进行组件制造商、类型等的选择，单击下拉菜单选取需要的组件即可，如图 3.39 所示。

4）在组件类型选择完成后单击"选组件"按钮即可将选定的光伏组件添加到已选定的区域。

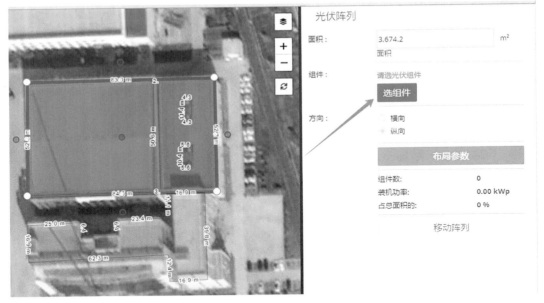

图 3.38 选组件

选组件

▼ 筛选标准 ✚

组件制造商

Trina Solar Energy Co. Ltd ▾

组件类型

Trina Solar Energy Co. Ltd - TSM-600 DE20 ▾

宽度 (cm)	长度 (cm)	厚度 (cm)
130.3	217.2	3.3000000000000003

类型	容量 (Wp)	双面
单晶硅 ▾	600	否 ▾

选组件

图 3.39 组件参数选择

如果区域足够大，软件默认组件最大数量为 999，可以手动通过"布局参数"修改最大组件数量；在窗口右侧可以修改组件的布置方向为"横向"或"纵向"，如图 3.40 所示。

注意：组件默认朝向为建筑物"绿色"边，也就是绘制建筑时的第一条边线，或用户定义后的默认参照物"边"。

图 3.40　选定组件

2. 阵列参数设置

（1）阴影距离计算

1）光伏组件添加完成后在右侧的窗口中单击"布局参数"按钮，"装机功率"栏显示当前区域用户希望限定的"最大数量"或"最大功率"，可自行修改，如图 3.41 所示。

2）单击"完成"按钮，之后在弹出的新窗口中根据实际需求设置组件的阵列参数和排布方式，如图 3.42 所示。

3）排布方式在有倾角、方位角的情况下，可用软件辅助计算两排组件的阴影长度，比如选择 2022 年 12 月 15 日早上 9 点（一般情况下 9 点比 15 点的阴影更长），单击"计算静态行距"选项即可，如图 3.43 所示。

4）计算完成后阴影长度将在 A 参数框中显示，单击"自动布置"按钮后，左侧区域显示布置视图，图 3.44 示例为组件倾角 25.0°，固定方位角未勾选，代表组件朝向默认为建筑绿色边，在 2022 年 12 月 15 日 9 点时的组件前后排的阴影长度为 382.0cm。

⊞ 布局

图 3.41 布局参数

⊞ 布局

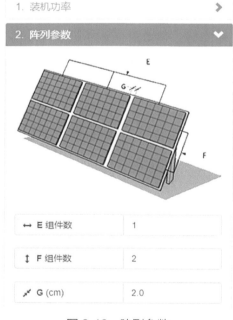

图 3.42 阵列参数

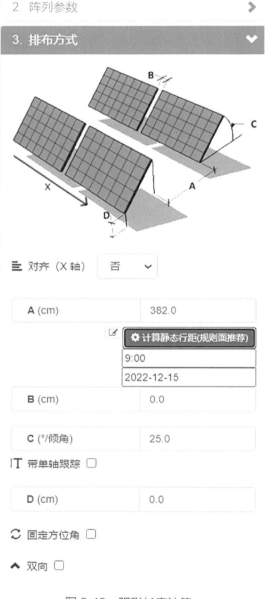

图 3.43 阴影长度计算

5）在没有倾角的条件下也可手动进行设置组件前后排的间距，根据实际情况在 A 参数框中输入即可。

（2）带单轴跟踪

1）在"排布方式"下拉菜单中单击选中"带单轴跟踪"，如图 3.45 所示。

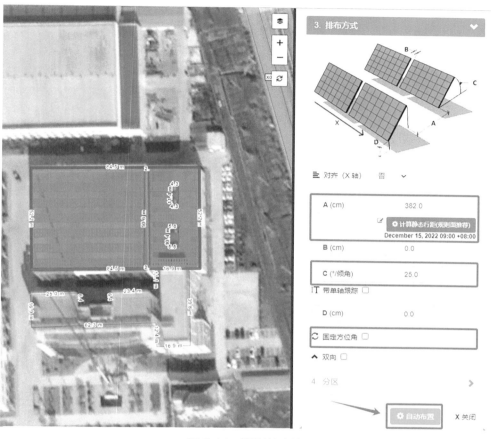

图 3.44　阴影长度值

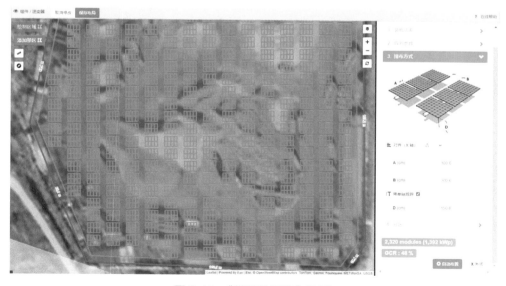

图 3.45　"带单轴跟踪"选项

2）选中"带单轴跟踪"后根据实际情况设置参数即可，如图 3.46 所示。

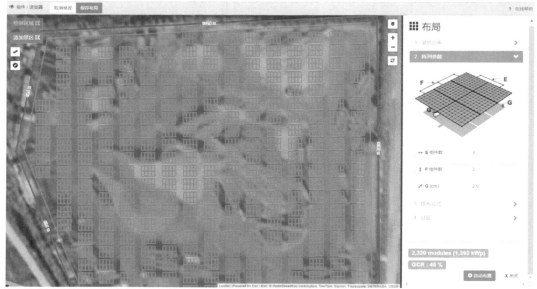

图 3.46　参数设置

（3）人字形双向组件的排布（东西向排布）

1）双向排布一般是指组件朝向为东西向并存的排放形式，如图 3.47 所示。

图 3.47　双向排布

2）选中"双向排布"后根据实际情况设置参数即可，如图 3.48、图 3.49 所示。

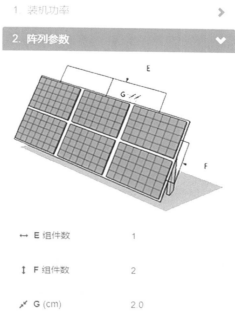

图 3.48　阵列参数设置

图 3.49　双向排布参数设置

（4）分区（运维通道设置）

1）在布局窗口中单击"分区"选项，如图 3.50 所示。

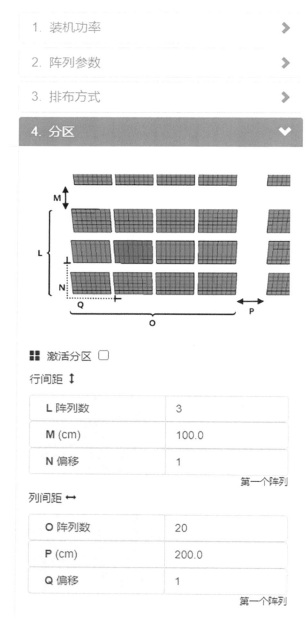

图 3.50 "分区"选项

2）单击选中"激活分区"，录入参数，可看到光伏阵列被分为多个区，可用于运维通道的设计，如图 3.51 和图 3.52 所示。

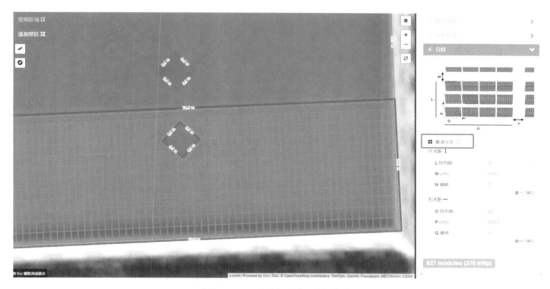

图 3.51　未激活分区的排布

图 3.52　激活分区设置后的排布

<table>
<tr><td>小贴士</td><td>分区中的 N 和 Q 代表什么？
　　N 和 Q 是指从第几个组件（或阵列）开始，第 1 个默认是左下角第 1 个组件（或阵列），如图 3.53 和图 3.54 所示。</td></tr>
</table>

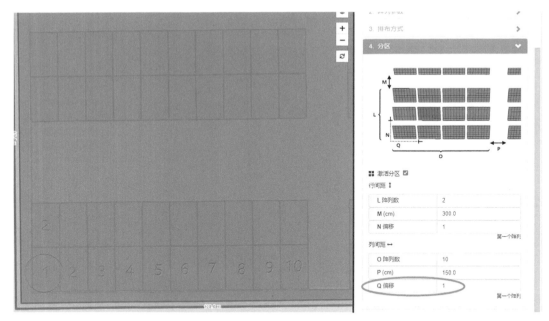

图3.53　组件（阵列）的排布（列）方式

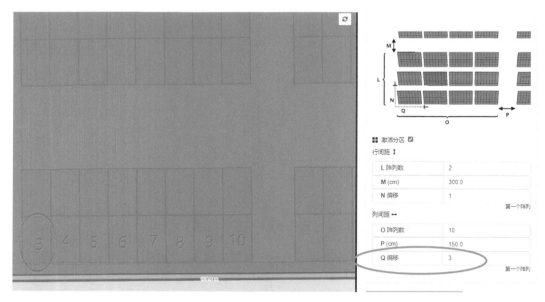

图3.54　阵列的偏移

3. 移动阵列

1）单击选中需要移动阵列的区域，在右侧会弹出一个区域窗口，在区域窗口中单击"修改阵列"按钮，如图3.55所示。

2）单击"修改阵列"按钮后会弹出新的窗口，单击"移动阵列"按钮，如图 3.56 所示。

光伏阵列

面积：　　　　　830.6　　　　　　　　　　m²
面积

组件：　　　　　Trina Solar Energy Co. Ltd - TSM-225 PC05

选组件

方向：　　　　　◉ 横向
　　　　　　　　○ 纵向

布局参数

组件数：　　　　　378
装机功率：　　　　85.05 kWp
占总面积的：　　　74 %

移动阵列

禁区宽度：　　0.40　　　　　　　　　m
不能放组件边缘的周围宽度

修改阵列

图 3.55　修改阵列　　　　　　　　　图 3.56　移动阵列选项

3）单击"移动阵列"按钮后会在选中区域显示一个蓝色圆圈，选中蓝色圆圈并拖动阵列位置可进行移动，如图 3.57 所示。

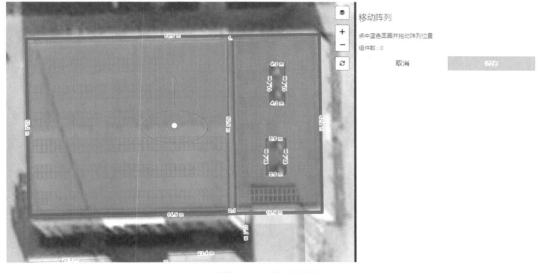

移动阵列
点中蓝色圆圈并拖动阵列位置
组件数：0
取消　　　　　保存

图 3.57　拖动阵列

4）根据实际情况将阵列移动完成后单击"保存"按钮即可，如图 3.58 所示。

图 3.58　保存阵列

3.3.3　辐照损失计算

软件根据当地气象站数据、组件角度、三维建筑障碍物及阴影条件，自动仿真每块组件的年辐照量，以 kWh/（m² · 年）为单位，可理解为每块组件的年度峰值日照小时数，用于帮助用户判断组件受阴影的遮挡程度。

组件布局保存后，单击左侧彩色图标，单击最后一个图标，计算组件辐照数据，如图 3.59 所示。

扫码看视频

辐照损失计算

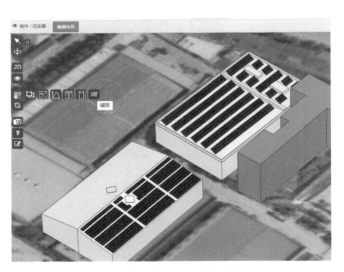

图 3.59　"辐照计算"按钮

辐照计算后结果显示在弹窗中，如图 3.60 所示。

图 3.60 辐照计算弹窗

软件可用颜色变化显示基于最高辐照量（当前条件下的年峰值日照小时数）的百分比结果，如图 3.61 所示。通过鼠标拖动下方筛选条，或手动输入最大辐照量为 80%。

图 3.61 辐照量筛选

单击"应用并显示"按钮，观察到受阴影影响，辐照量低于项目当地年峰值日照小时数的 80% 的组件，显示为红色，如图 3.62 所示。用户则可以返回到布局编辑中，将对应组件手动删除，如图 3.63 所示。以免这些辐照量低的组件影响整体电站发电效率，造成投资收益期延长。

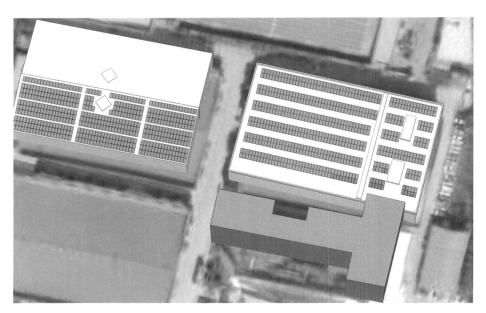

图 3.62　辐照量筛选颜色显示

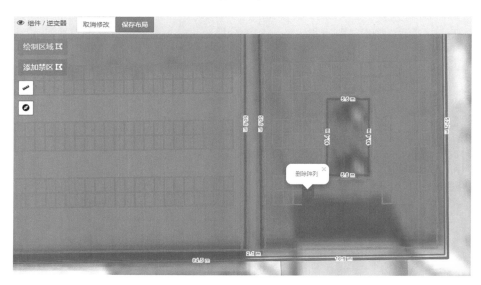

图 3.63　手动删除组件

3.3.4　逆变器选型

1. 分组

软件会根据不同的屋面区域、组件类型、组件角度，自动分为不同的组，用户可以按组进行逆变器配置。如果想要将两个组的组件进行合并，只需要选中当前分组，鼠标将它拖动到要合并到的目标组即可，如图 3.64 所示。

图 3.64　组件分组

2. 根据分组和组件数量自动配置逆变器及 MPPT 和组串

1）选择逆变器，如图 3.65 所示。

图 3.65　分组逆变器

2）添加分组逆变器。

3）在弹出的对话框中，选择合适的逆变器制造商，然后单击推荐有效逆变器，如图 3.66 所示。

4）此时软件会计算和推荐出适合当前组内总组件数量的 MPPT 及组串，单击下方"确认"按钮，完成逆变器选型，如图 3.67 所示。

图 3.66　推荐有效逆变器

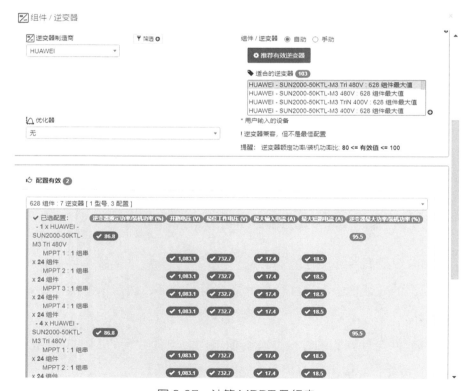

图 3.67　计算 MPPT 及组串

小贴士

①软件自动配置逆变器会依据这些条件进行筛选和配置：容配比范围、开路电压、最佳工作电压、最大输入电流和最大短路电流。只有每个组串的计算数值与逆变器及 MPPT 的规定数值匹配后，才会成为自动推荐的配置。

②容配比范围：本软件的容配比是指逆变器额定功率与装机功率的比值，对于超配方案，即逆变器额定功率小于组件峰值功率，那么软件的比值应显示为 100% 以下。如图 3.68 所示，本项目设置的容配比推荐范围为 80% 到 100%，即通常理解的 1.25 到 1（其中 1.25 = 1/80%），这里请读者注意，与通常理解的比值分子分母是相反的。

容配比选型范围可以在本项目的"参数设置"步骤进行修改，如图 3.69 所示。

③开路电压、最佳工作电压、最大输入电流和最大短路电流的计算是依据组件技术参数中的开路电压、短路电流、最佳工作电压、最佳工作电流、功率温度系数、短路电流温度系数和开路电压温度系数计算得出，并与逆变器的最大输入电压、MPPT 电压范围、最大短路电流和最大输入电流进行比较，用"红色"、"橙色"和"绿色"显示在具体数值上，代表匹配关系，辅助用户进行选型。

图 3.68　容配比选型范围

图 3.69　容配比设置

3. 手动配置逆变器及 MPPT 和组串数量

如果自动推荐的逆变器配置不符合要求，用户勾选"手动"即可进行手动配置逆变器，如图 3.70 所示。

图 3.70　手动配置逆变器

选择"手动"逆变器配置，用户可以根据窗口下方显示的 MPPT 数量，自行录入组串和组件数量，软件则会根据组件和逆变器参数计算开路电压、最佳工作电压、最大输入电流、最大短路电流和容配比，并实时显示在右侧数值区域，便于用户确认组串电气性能，如图 3.71 所示。

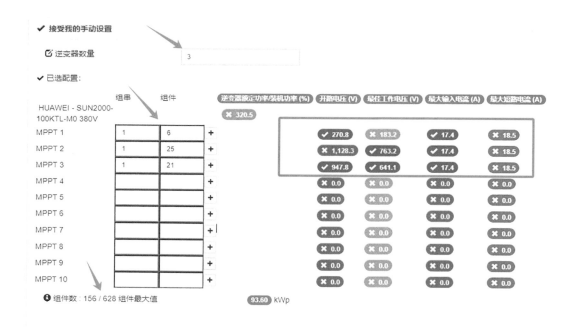

图 3.71　手动配置实时提示

3.3.5　组串布线

单击右侧分组"布线"蓝色按钮，为每个组（屋顶）布线或单独为某个逆变器布线，如图 3.72 所示。

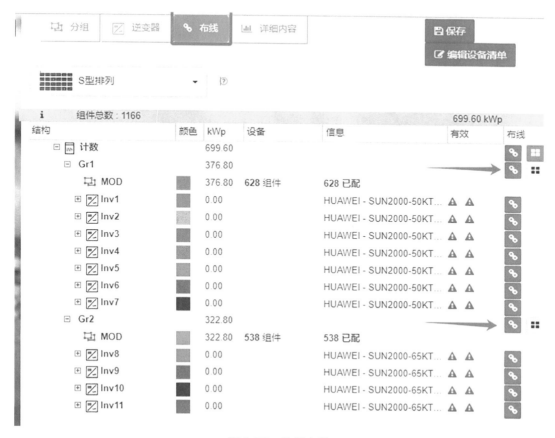

图 3.72　选择布线

1. S 型排列方式

选择默认"S 型排列",选择当前组,单击对应组的右侧"布线"按钮,单击屋顶开始的第一个组件,移动鼠标给定不同的方向,S 型串线方式会有变化,鼠标停留在合适的方式,双击确定,如图 3.73 所示。

2. 组串可调节模式排列

对于有特定数量组件的阵列组合,通常希望将一个阵列组合为一串,首先去配置合适的逆变器,在配置逆变器时,需打开"筛选"选项,激活"按以下组件的倍数筛选",例如 22,此时仅推荐每个组串可以连接 22 块组件的逆变器,如图 3.74 所示。

扫码看视频

组串可调节模式
排列布线

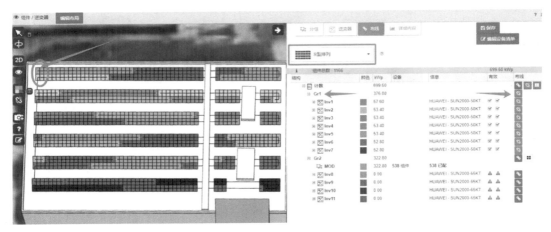

图 3.73　S 型排列方式

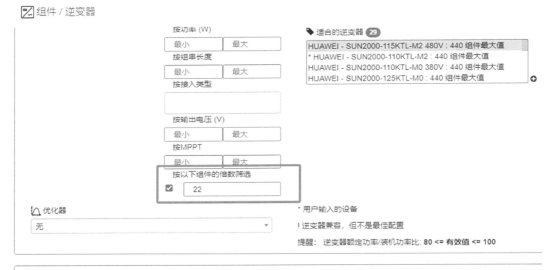

图 3.74　按组串内组件数量推荐逆变器

选择"组件可调节模式"，设置列数为"11"，行数为"2"，如图 3.75 所示。

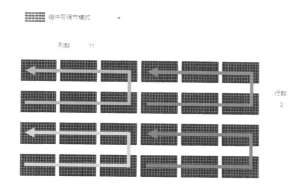

图 3.75　设置组串可调节模式

单击右侧"布线"按钮，单击当前组的第一个组件，移动鼠标给定方向，显示布线预览，双击确定，如图 3.76 所示。

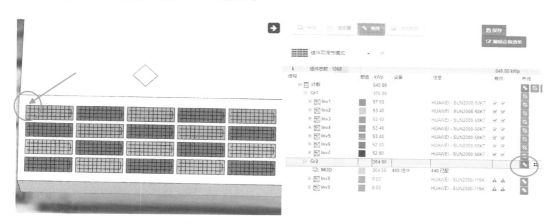

图 3.76　22 块组件一串的布线方式

3.3.6　MPPT 发电曲线

这部分显示具体组件或组串的阴影曲线以及具体时刻 MPPT 的 $I(V)$ 和 $P(V)$ 发电曲线。

在"详细内容"选项中，单击"计算发电量"，软件会计算所有组件及周边阴影条件全年对组件辐照数据的影响。

阴影曲线：计算完毕后，选择查看阴影的月份和时刻，单击三维视

扫码看视频

MPPT 发电曲线

图中的具体组件或组串或 MPPT（视图左上角的箭头标识可以修改选择单位），阴影曲线会对应显示选中组件在当前月份太阳轨迹下的阴影曲线。

如图 3.77 所示，弓形曲线代表当前月份的太阳轨迹，曲线上的圆圈代表当前时刻的太阳位置，显示此刻所选组件在 9 月份 9 时处于阴影遮挡中。

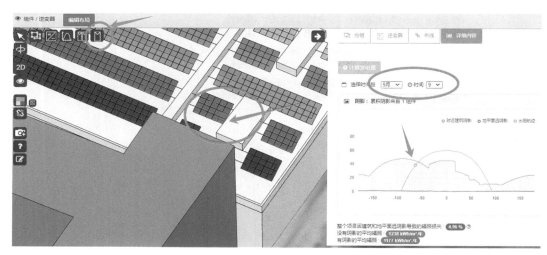

图 3.77　阴影曲线

MPPT 发电曲线：单击视图左上角箭头标识，选择单位修改为"MPPT"，在三维视图中单击具体 MPPT，选择具体月份和时刻，就可在窗口下方观察到当前 MPPT 的 I（V）和 P（V）曲线，如图 3.78 所示。

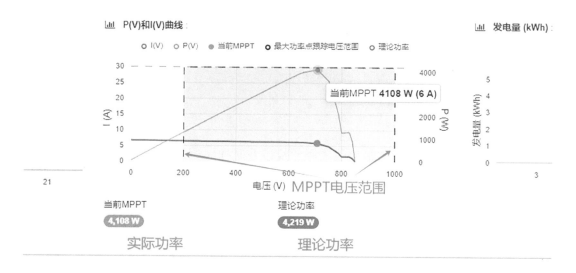

图 3.78　MPPT 发电曲线

第 4 章

光伏电站及储能相关数值计算

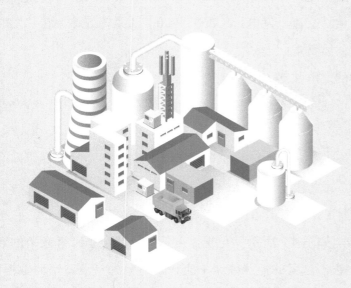

　　分布式光伏及其储能电站的 3D 项目设计是一个涉及多个因素的复杂过程，需要综合考虑，包括系统的安全性、效率、经济性等，而光伏电站及储能相关计算在新能源领域具有重要的作用，可实现最大限度的电力输出，同时保证电网的稳定运行。

　　光伏电站及储能相关数值的计算涉及多个环节，需要综合运用多种计算工具和方法，同时也需要考虑实际的地理、气象条件以及设备性能等因素。

4.1　发电量计算

扫码看视频

发电量计算

　　发电量是指在一定的运行小时数内，发电设备所产生的电能总量。根据气象数据、阴影遮挡情况以及逆变器配置情况来计算。

1. 发电量指标

　　发电量指标是衡量一个国家或地区能源生产和消费的重要指标。其中包括首年及平均、交流电发电量（P50、P90）和系统效率。在"发电量"界面可以看到详细指标，如图 4.1 所示。

　　首年：指光伏电站首年的发电数据。

　　平均值（观测期间）：指按当前项目"参数设置"中"项目生命周期"所设置年限内的平均年发电数据。

　　交流电发电量（P50）：即通常所说的"年平均利用小时数"或"年有效发电小时数"或"年发电小时数"，是由实际模拟的发电量（含各种损失）与装机峰值功率的比值计算得出，单位是 kWh/kWp，即 h。

　　系统效率：由 P50 数据（如图 4.2 所示）与光伏电站年辐照量（考虑倾角的辐照量）的比值计算得出，注意，这里的辐照数据不应该是简单的气象站辐照数据，

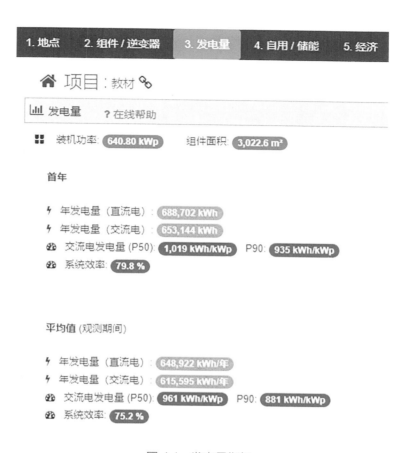

图 4.1　发电量指标

而应该是考虑具体组件倾角和方位角以及海拔校正后的具体辐照量，archelios PRO 软件在项目第一步已经计算得出了"项目地点"的校正后辐照量，如果组件不是最优倾角和方位角时，也可通过软件自定义组件角度，计算得出校正后的辐照量。当项目组件有多个倾角或方位角时，就会变得很复杂，需要为每种情况单独计算系统效率并最终合并。

平均值 (观测期间)

⚡ 年发电量（直流电）：648,922 kWh/年
⚡ 年发电量（交流电）：615,595 kWh/年
⚙ 交流电发电量 (P50)：961 kWh/kWp　P90：881 kWh/kWp
⚙ 系统效率：75.2 %

图 4.2　系统效率与 P50

系统效率的具体计算方法：

例如，图 4.2 所示是项目整体 P50 数据，但是项目组件共存在两种倾角情况：方位角（朝向）-2°、倾角 10°（264kW，占总组件装机功率的 41.2%）和朝向 0°、倾角 25°（剩余组件），通过在第一步项目地点数据中录入具体朝向和倾角，得到校正后的不同倾角辐照量，如图 4.3 和图 4.4 所示。

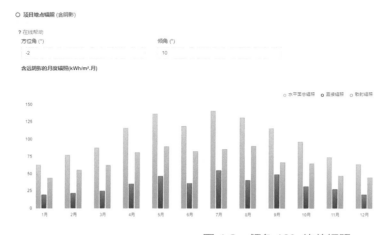

图 4.3　倾角 10°的总辐照

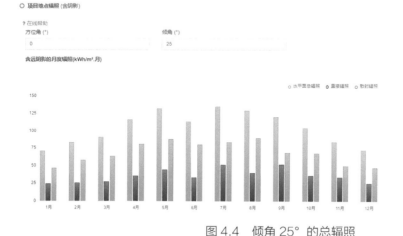

图 4.4　倾角 25°的总辐照

根据校正计算后的辐照量，计算不同倾角组件的系统效率：

$$961 / 1261 = 76.21\%$$

$$961 / 1287 = 74.67\%$$

最后可以得出：76.21%×41.2%+74.67%×58.8% = 75.3%（即整个电站的系统

效率，和软件计算结果一致）。

2. 发电量损失及受益

发电量损失是指由于各种原因使光伏组件产生的电能无法完全被系统有效利用而造成的电能损失。这种损失可能来自于光伏组件本身的性能问题，如 LID 性能、IAM 性能等因素，或者由于系统设计、安装等因素造成的能量损失。

发电量受益是指光伏组件在特定条件（如地面反射、安装角度等）下可以额外产生的电能，是光伏组件在正常工作条件下产生的额外电能。

在"发电量"界面可以看到详细损失－受益指标，如图 4.5 所示。

这些损失及受益是所有组件、所有逆变器在整个观察期所有模拟时间段的平均值。一些损失及受益在开始和结束时不会相同。

地平面远阴影：由于远阴影（如远处的山）造成的固定辐照损失，数据来自 NASA 地平面数据。

附近建筑阴影：仅适用于 3D 建模的项目，由于建筑及周边障碍物造成的辐照损失。

组串部分阴影：仅适用于 3D 建模的项目，由于组串内部分遮挡，或角度不同造成的组串局部辐照损失。

双面受益：只选用双面类型组件时，按地面反射条件参数（可在"参数设置"菜单中的"反射率"栏定义）获得的辐照增益。

LID（光衰减）：组件首年衰减率（可在"参数设置"菜单中的"LID（光衰减）"栏定义）。

小贴士

①交流电发电量 P50：即通常理解的年有效发电小时数，由考虑损失后的发电量数据和光伏装机容量计算得出，也可理解为 50% 概率下此电站的年有效发电小时数。

② P90：在考虑到一些不确定因素后（可在"参数设置"菜单中的"P90"栏设定不确定因素概率），其结果可理解为 90% 概率下此电站的年有效发电小时数，数据较 P50 更加保守。

③系统效率：由 P50 和此电站总有效（考虑倾角和遮挡）辐照量计算得出。

④平均值：考虑到此电站的项目生命周期计算的平均发电数据，项目生命周期可在"参数设置"菜单中设定，软件默认为 20 年。

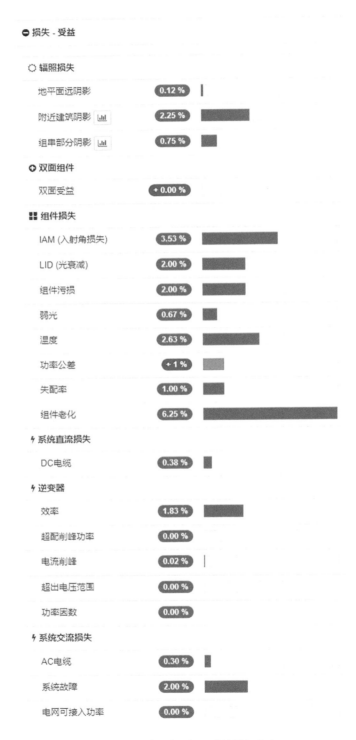

图 4.5　发电量损失及受益详细指标

小贴士

不同损失的具体计算方法：

①地平面远阴影损失：来自 NASA 的远阴影造成的辐照损失，即项目地点远处的山阴影造成的辐照损失。

$$地平面远阴影损失 = \frac{不带地平线损失辐照量^{\ominus} - 带地平线损失辐照量^{\ominus}}{不带地平线损失辐照量^{\ominus}}$$

②附近建筑阴影损失：来自建筑物遮挡造成的近阴影辐照损失。

$$附近建筑阴影损失 = \frac{不带附近阴影损失的整体辐照量 - 带附近阴影损失的整体辐照量}{不带附近阴影损失的整体辐照量}$$

$$= 由于附近建筑阴影造成的辐照量损失（树木、障碍物、女儿墙等）$$

③组串部分阴影损失：来自同一组串内组件间相互遮挡造成的辐照损失。

archelios PRO 的计算是基于电流 $I-V$ 的曲线。在每个时间段，它计算：

– 每个组件的 $I-V$ 曲线；

– 每个组串的 $I-V$ 曲线（根据接线情况）；

– 每个 MPPT 的 $I-V$ 曲线；

– 每个 MPPT 的最大功率点（考虑到 MPPT 的电压范围）。

因此，组串部分阴影损失包括由于组件上的部分遮挡造成的不匹配损失，以及考虑到 MPPT 的电压范围。

④双面受益：每年总增益，即每个组件占总组件数量的百分比。

⑤IAM（入射角损失）：

$$IAM = \frac{不含 IAM 辐照量^{\ominus} - 含 IAM 和双面受益的辐照量^{\ominus}}{不含 IAM 辐照量^{\ominus}}$$

⑥LID：来自参数设置中的定义百分比。

⑦组件污垢损失：污垢造成的辐照损失，来自设置参数百分比。

⑧温度损失：运行温度下的产量与 STC 温度（25℃）下的理论产量之间的损失。

$$温度损失 = \frac{STC 温度发电量 - 运行温度发电量}{STC 温度发电量}$$

　㊀　辐照量是指组件表面接收的辐照量。

⑨功率公差（取决于组件参数功率公差的损失／增益）：仿真参数中设定的功率公差最小和最大值之间的平均值。

⑩失配率（组件参数失配损失）：由于相连组件间可能具有轻微不同的参数而造成的损失（由于工厂生产或随着时间的推移出现非相同的降解），来自参数设置中定义的百分比。

⑪组件老化损失：观测周期内的平均老化损失。

$$组件老化损失 = \frac{观察期内每年的老化之和}{观察的年数}$$

⑫DC 电缆损失：根据参数设置中的"STC 条件下的 DC 电缆损失"参数和直流发电量，在每个时间步骤中计算而来。

$$DC\ 电缆损失 = \frac{DC\ 电缆前的\ DC\ 年发电量 - DC\ 电缆后的\ DC\ 年发电量}{DC\ 电缆前的\ DC\ 年发电量}$$

⑬逆变器损失：逆变器的直流到交流转换造成的损失，包括计算的逆变器效率。archelios PRO 根据逆变器的最大效率和欧洲效率计算逆变器的效率曲线。

注意：在一年中日照水平较低的某些时候（例如北半球的 12 月），计算的效率可能低于欧洲效率。

$$逆变器损失 = \frac{DC\ 电缆后的\ DC\ 年发电量 - MPPT\ 转换后的\ AC\ 年发电量}{DC\ 电缆后的\ DC\ 年发电量}$$

⑭超配削峰损失：由于逆变器最大功率受限造成的损失。

$$超配削峰损失 = \frac{理论\ AC\ 年发电量 - 削峰后的\ AC\ 年发电量}{理论\ AC\ 年发电量}$$

⑮功率因数损失：由于逆变器功率因数造成的损失，功率因数在参数设置中定义。

$$功率因数损失 = \frac{MPPT\ 点\ AC\ 年发电量 - 功率因数损失后的\ AC\ 年发电量}{MPPT\ 点\ AC\ 年发电量}$$

⑯AC 电缆损失：AC 电缆造成的损失。

注意：AC 电缆损失是根据参数设置中的 "STC 条件下的 AC 电缆损失" 参数和交流发电量，在每个时间步骤中计算的。

$$AC\ 电缆损失 = \frac{逆变器后的\ AC\ 年发电量 - AC\ 电缆后的\ AC\ 年发电量}{逆变器后的\ AC\ 年发电量}$$

⑰系统故障损失：archelios PRO 考虑了系统的故障率，来自参数设置的定义值百分比。

3. 年度、月度及小时发电量

年度、月度及小时发电量是评估光伏电站性能的关键指标。通过计算这些指标，可以了解光伏电站在不同时间尺度上的电力输出情况，从而评估其性能和经济性。这对于优化光伏电站的设计和运行，提高电力输出的稳定性和效率具有重要意义。

年度发电量是指光伏电站在一年内所产生的总电能。这一指标受到多种因素的影响，包括地理位置、气候条件、设备性能等。通过分析年度发电量，可以了解光伏电站的整体运行状况，并评估其长期经济效益。

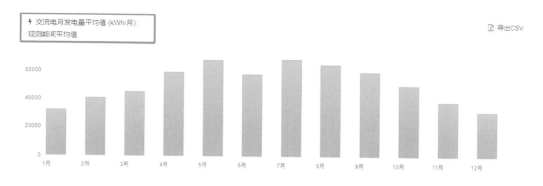

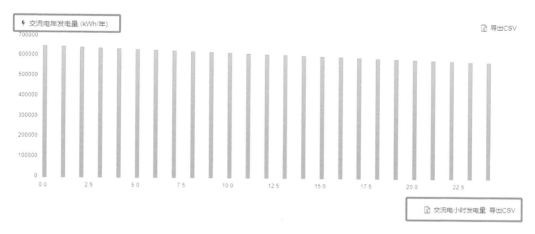

图 4.6　年度、月度及小时发电量

月度发电量则是指光伏电站在每个月内所产生的电能。通过这一指标可以了解光伏电站在不同季节和不同月份之间的性能差异。例如，在夏季和冬季，由于日照时间和光照强度的不同，光伏电站的月度发电量可能会有所差异。

小时发电量则是指光伏电站在每个小时内所产生的电能。这一指标对于实时监控光伏电站的运行状态非常有用。通过实时监测小时发电量，可以及时发现光伏电站的异常情况，并采取相应的措施进行处理。

在计算年度、月度和小时发电量时，需要综合考虑多种因素，包括光照强度、阴影遮挡、温度、湿度等。同时，还需要使用专业的计算工具和方法，以确保计算结果的准确性和可靠性。

交流电月发电量平均值：即观测期间（项目生命周期）内的平均每月发电量。

交流电年发电量：即观测期间内的每年发电量。

交流电小时发电量：单击"交流电小时发电量：导出 CSV"按钮，可以导出全年 8760h 的模拟发电量数据。

对于小时发电量，archelios PRO 软件根据算法（基于一个概率模型，使用随机矩阵和取自 MeteoNorm 的参考值）模拟了当地某一典型年的逐时天气数据，其中可能包括多云天、阴雨天等，因此在全年的 8760h 逐时发电数据中有可能出现某些时段发电量为 0 的时刻。

4. 超配削峰

这里再单独介绍一下超配削峰损失。在某一时刻组件输出功率高于逆变器的额定功率时，逆变后输出的发电量会产生一部分损失，称为削峰损失，如图 4.7 所示。拖动蓝色进度条可详细查看某一时刻的损失。

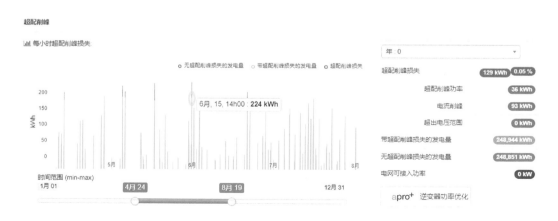

图 4.7　逆变器超配引起的削峰损失

小贴士　　超配削峰损失是光伏电站运行中常见的现象，尤其在装机容量较大的光伏电站中更为显著。通过合理配置设备、优化运行策略、加强设备维护和管理以及考虑储能系统的应用等措施，可以有效降低超配削峰损失，提高光伏电站的发电效率和经济效益。

为了真实，archelios PRO 模拟了全年（365 天）每小时的发电量。当逆变器的理论输出大于其最大交流功率时，就会发生削峰损失。

archelios PRO 项目仿真参数设置

4.2　自用电（消纳）与储能

自用电指的是用户对光伏电站所发电能的自用消纳部分。储能则是指将用户白天无法消纳的光伏电站电能储存起来，以便在需要时使用的能量利用措施。储能系统可以有效地解决新能源发电的不稳定性、随机性和间歇性问题，提高电力系统的灵活性和可靠性，即储能电池将白天用户无法全部消纳的电能暂时储存起来，并在光伏发电不足以覆盖用户需求的时候进行放电。自用电与储能技术的结合，通过家庭储能系统等方式，不仅能够提高电力系统的灵活性和可靠性，还能够在能源价格波动时为家庭节省成本。

4.2.1　用电负荷

用电负荷，也称为电力负荷，指的是电能用户的用电设备在某一时刻向电力系统取用的电功率的总和。它是电力系统中所有用电设备消耗功率的总和，包括工业、农业、邮电、交通、市政、商业以及城乡居民所消耗的功率。下面介绍 archelios PRO 软件设置用电负荷操作步骤。

用电负荷设置

1. 用电负荷导入

步骤 1：在"自用电"界面"负载和参数"栏，单击"添加负载 / 参数"按钮，如图 4.8 所示。

图 4.8　添加负载 / 参数

步骤 2：导入用电负载或参数（共有四种方式），如图 4.9 所示。

图 4.9　导入用电负载或参数

2. 负荷曲线设置

1）通过"导入用电数据"方式导入用电数据：如果用户从供电公司能获取到电能表侧的负荷曲线，或用电曲线，可以通过这种方式导入，格式支持 .txt、.csv、.json，数据颗粒度支持到每 5min 或 10min 的负荷数据，通过软件完成表格数据配置后，生成分时负荷曲线。

图 4.10 所示为 CSV 负荷曲线，A 列为日期和时刻，B~G 列分别为每 10min 的负荷数据，单位为 kW。

导入此 CSV 文件后，按图 4.11 所示进行数据匹配，便于软件读取和载入。

导入 CSV 后的负荷曲线图形显示如图 4.12 所示，其中 4 月在 CSV 中无负荷数据，导入后的右侧负荷曲线也显示为零。

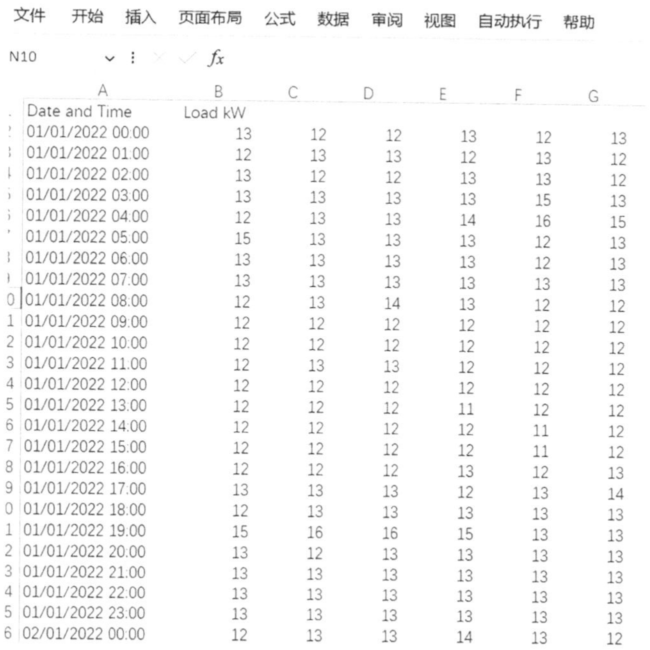

图 4.10　CSV 负荷曲线

📥 导入TXT或CSV　教程▶

列分隔符

, (分号) ▾

小数点分隔符

(句号) ▾

日期

日/月/年 ▾

0 ▾

时间

00 00 ▾

0 ▾

负荷值 ☑ 数值有多列

1 ▾

6 ▾

单位

kW ▾

时间间隔 (分钟) *

10

勾选导入数据的首行

	0：日期 时间	1：功率 (kW)	2：功率 (kW)	3：功率 (kW)	4：功率 (kW)	5：功率 (kW)	6：功率 (kW)
☐	Date and Time	Load kW					
☑	01/01/2022 00 00	13	12	12	13	12	13
☐	01/01/2022 01 00	12	13	13	12	13	12
—	01/01/2022 02 00	13	12	12	13	13	12

✔ OK　✘ 取消

图 4.11　CSV 配置页面

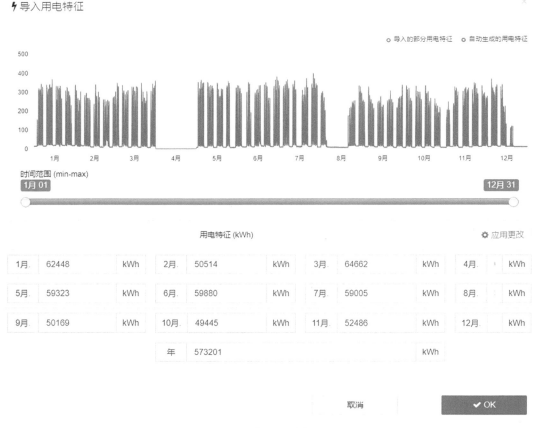

图 4.12　用电设备的负荷曲线

此外，用户可根据项目实际情况，单击"OK"按钮后，对"设备名""最大功率""数量""总耗电量"（单击"给定年度总耗电量"设定）进行修改，如图 4.13 所示。

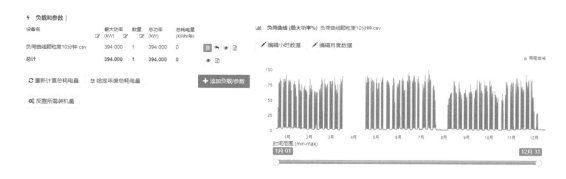

图 4.13　电池特性参数

小贴士

① CSV 数据不一定是全年数据，可以是一个月、一个季度或部分日期，软件会根据部分数据自动重复，生成全年负荷曲线。

②编辑小时数据：通过图形化显示，用户可以再次编辑 0~23 时每小时的用电负荷比例，单位为最大功率的百分比，也可以选定某个时间范围，编辑某个具体时间范围的小时负荷比例，编辑后，总耗电量会自动计算更新。

③编辑月度数据：通过图形化显示，用户可以再次编辑每月具体用电量，单位为 kWh，编辑后，总耗电量会自动计算更新。

2）通过"添加用电特征"方式可直接选择软件提供的典型工业或户用负荷曲线，输入对应的年度用电量，单击"导入资料"按钮，如图 4.14 所示。

图 4.14　导入数据

3）通过"添加用电负载"方式可添加户用负载设备。首先选择用电负载"台式电脑"导入设备，如图 4.15 所示。其次单击"编辑小时数据"按钮，可以模拟该台式电脑在各个时间段的用电功率曲线。如图 4.16 所示。

图 4.15　用电设备选择

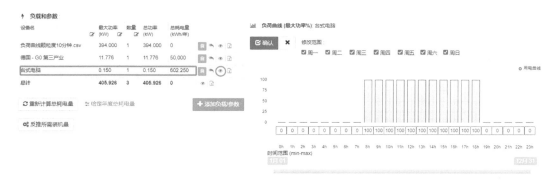

图 4.16　台式电脑负荷曲线图

4）通过"添加负载 / 参数"方式可添加自己定义的设备。单击"添加负载 / 参数"按钮导入设备，如图 4.17 所示。通过调整新设备的小时数据可以改变负荷曲线，如图 4.18 所示。

□ 添加负载/参数

＋添加负载/参数

图 4.17　添加自定义设备

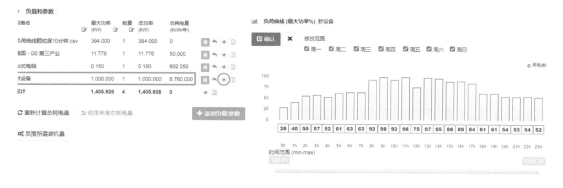

图 4.18　自定义设备负荷曲线图

小贴士

①任何添加负载的方式，用户都可以在负载添加后，通过右侧图形化窗口，单击"编辑小时数据"或"编辑月度数据"按钮，修改小时负荷曲线或修改月度用电量。

②编辑小时数据：用户可以先选定特殊的日期范围，比如 1 月 1 日到 3 月 31 日，再单击"编辑小时数据"，还可以选择日期内的具体工作日，来设定更加精准的不同日期范围（比如冬天、夏天、工作日、节假日、周末等）的不同时刻的

不同功率百分比，如图 4.19 所示。

　　"编辑小时数据"中的负荷曲线图是指每天从 0 时到 23 时，每个时刻相对最大功率的功率百分比，此值用户可以通过单击每个时刻的柱状图修改，或者在柱状图下方手动输入具体数值进行修改，纵坐标则是相对最大功率的百分比。此处的最大功率值则是当前对应负载设备的最大功率值，如图 4.20 所示。

　　编辑月度数据：用户可以直接修改月度用电量来定义负荷曲线，通过单击柱状图或者手动在柱状图下方修改用电量数值，如图 4.21 所示。

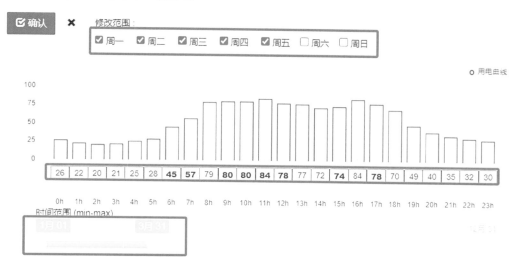

图 4.19　负荷曲线

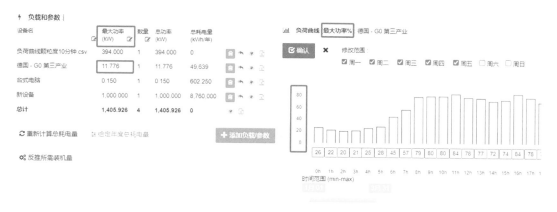

图 4.20　负载和参数

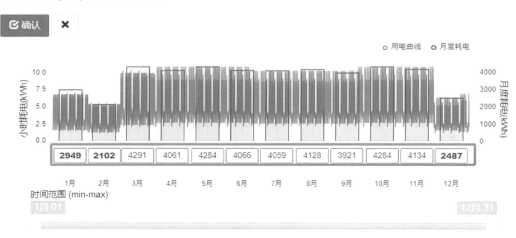

图 4.21　负荷曲线

扫码看视频

储能容量计算

　　项目的负荷曲线设置颗粒度越高，软件在计算消纳率时就会更加精准，能准确反映用户的用电需求和光伏电站发电之间的关系，软件发电及消纳数据可以精确到小时级别，确保消纳数据趋于真实，为用户最终决策提供准确数据参考。

4.2.2　储能容量计算

　　储能容量是指系统储存能量的能力，它是衡量储能系统性能的一个重要指标。储能系统能够在没有外部能源输入的情况下，维持系统的正常运行和供电性能要求的时间长度，通常以千瓦小时（kWh）或兆瓦小时（MWh）为单位。

　　储能容量的计算公式为：储能容量 = 储能系统的额定功率 × 储能时间。这里的储能时间指的是储能系统能够持续输出额定功率的时间，通常用小时（h）来表示。例如，一个储能系统的额定功率为 1MW，储能时间为 2h，那么它的储能容量为 1MW × 2h=2MWh。以下是关于储能容量的详细参数设置。

1. 电池选型

　　首先勾选"带储能"复选框，然后选择所需的电池制造商以及型号，如图 4.22

所示。

图 4.22　电池选型

2. 续航小时数

所需续航小时数是指在光伏电站不发电后，根据负荷情况允许电池持续供电的小时数。例如，太阳 18 点落山，若需要继续电池放电续航 2h 以维持目前负荷供电，那么系统就会按截止到 20 点所需放电电量来计算电池容量，如果不同月或天此时段的负荷不同，软件计算的每月放电时数也会有些区别。

单击"电池选型"按钮，输入所需续航小时数，如图 4.23 所示。

图 4.23　续航小时数设置

3. 储能容量

通过电池选型以及续航小时数的设置，可计算出需要配多少的储能容量，如图 4.24 所示。

图 4.24　储能容量

放电深度是指从电池中放出的能量。它以电池容量的百分比表示。放电深度达到 80% 表示深度放电。

电池容量是指电池充满电后所能提供的总电量。单位是安时（Ah）。

自放电是指电池在不使用时也会缓慢放电的现象。月自放电率主要取决于电池类型：铅锑电池的月自放电率特别高，在 25℃温度下，新电池的自放电率可达每月 5%。自放电率随温度升高和电池老化而迅速增加：铅锑电池在使用寿命结束时，自放电率可达每天 1%。

法拉第效率是指充电效率，即实际充电容量与可充电容量的比值。

小贴士

实际最大储能（kWh）的计算方式为：标称电压（V）× 标称容量（Ah）× 法拉第效率（%）× 放电深度（%）× 并联数量，如图 4.25 所示。

⚡电池特性　　　　　　　　　　　　　　　　　　　　×

BYD - Battery-Box H11.5

电池制造商：

类型	标称电压 (V)	标称容量 (Ah)
Li-ion	460	25

法拉第效率 (%)	月自放电率 (%)	循环寿命
95.3	2	1

设计寿命	体积 (dm^3)	重量 (kg)
10	302.83	252

放电深度 (%)

100

图 4.25　电池特性参数

4. 储能对消纳的影响

储能技术对可再生能源的消纳有显著影响。一方面，储能可以提升新能源电站的可调度性，提高新能源消纳水平，降低新能源大规模发展区域弃风、弃光率。其原理在于，储能系统可以快速响应并具有柔性可控的技术特性，这使得其在需要时可以存储或释放大量电力，从而平衡可再生能源的波动性，提高电力系统的稳定性。

另一方面，储能同时具有"削峰"和"填谷"能力，是高比例新能源接入情境下保障电力供应安全的重要手段。在可再生能源发电占比提升的情况下，其发电的季节性和波动性会影响电力系统的稳定，而配置储能可以有效减少弃光、弃风率，避免弃电损失，同时实现"削峰填谷"，提高发电利用小时数，大幅提升可再生能源并网消纳能力，平抑可再生能源波动。

本项目展示的储能方式是对光伏发电消纳后的剩余电量进行充电，并在光伏发电不足或光伏停止发电后的放电情况，即一充一放。

不带储能与带储能后的消纳率与自给率对比如图 4.26 和图 4.27 所示。

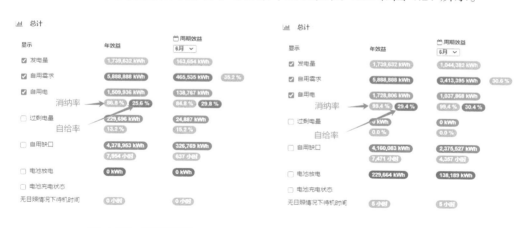

图 4.26　不带储能　　　　　　　　图 4.27　带储能

4.2.3　消纳曲线

消纳曲线是指在特定时间段内，发电量与电网实际消纳量的关系曲线。它反映了发电的波动性和电网消纳能力之间的关系。消纳能力受到多种因素影响，包括但不限于电网的灵活性、发电的特性、用户的用电习惯以及储能设施的建设等。

消纳曲线

1. 消纳率和自给率

消纳率和自给率在光伏电站及储能计算中是两个重要的评估指标。消纳率是指实际消纳的光伏电量与光伏实际发电量的比率。这个比率可以反映出光伏电站的弃光程度。自给率是指消纳的光伏电量与电力负荷需求的比率。这个比率可以反映出光伏电站针对用户用电需求的供应能力。自给率主要取决于电力系统的自我供应能力和外部供应的依赖程度。消纳率和自给率如图 4.28 所示。

图 4.28　消纳率和自给率

2. 电池放电

勾选"电池放电"后，右图显示即为电池放电曲线，如图 4.29 所示。

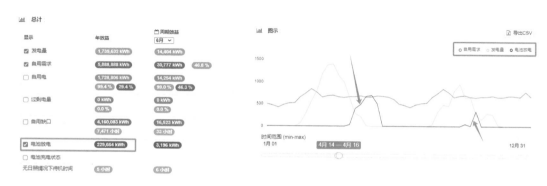

图 4.29　电池放电曲线

3. 电池充电状态

勾选"电池充电状态"后，右图显示即为电池充电状态曲线，如图 4.30 所示。

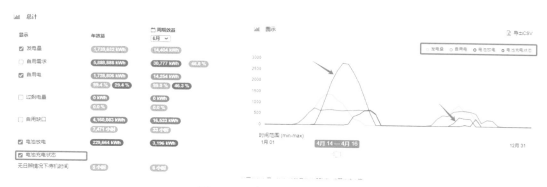

图 4.30　电池充电状态曲线

小贴士

发电量：平均年度或月度光伏电站发电量。

自用需求：由自用电负载和负荷曲线定义的用户年度或月度耗电量。

自用电：光伏电站所发电的自用消纳电量；黄色百分比指自用消纳电量占总发电量的百分比，即消纳率；红色百分比指自用消纳电量占总需求耗电量的百分比，即为用户节约的电量百分比，即自给率。

过剩电量：光伏电站所发电量除去自用消纳量后的电量，可理解为可上网电量，及其占所发电量的百分比。

自用缺口：用户总耗电量除去消纳光伏电量后的自用电缺口电量。

电池放电：平均年度或月度电池总放电量。

电池充电状态：显示或关闭图 4.30 所示右侧曲线中的电池充电状态曲线。

无日照情况下待机时间：光伏电站不发电后，根据负荷情况电池持续供电的小时数。这里仅考虑一充一放的情况，电池充电仅来自光伏发电除去消纳后的部分。

4.3 经济性的计算

4.3.1　成本设置

成本设置是评估光伏电站经济性的重要环节。在进行经济性计算时，我们需要考虑多个成本因素，包括设备购置成本、安装成本、运维

扫码看视频

成本设置

成本、土地成本等。这些成本因素将直接影响光伏电站的总投资成本和运行成本，进而决定光伏电站的经济性。根据需要设置参数，如图 4.31 所示。

图 4.31　成本参数设置

小贴士

在进行成本设置时，需要充分考虑光伏电站的实际情况和市场需求。

货币单位：仅用作单位显示，不参与计算，可以修改为任意货币符号或文字。

投资额：项目首年需要投资的所有成本总额，包含设备、人工、建设、并网等成本。也可以通过输入每瓦成本，软件会自动根据总装机规模计算总投资成本。

逆变器更换（10 年质保）：软件默认逆变器质保期 10 年，此处指逆变器在第 11 年的换新成本，可通过定义每瓦成本由软件自动计算逆变器换新成本。

运维成本：以初始投资总额的百分比表示，从每年的收入中扣除，并受通货膨胀的影响，因此详细表格中的数值每年都在变化。

总补贴：输入项目获得的补助金。这些资金将从投资额中扣除，以计算项目的总贴现成本。

银行借贷金额：贷款总额。

借贷利率：借贷利率。这将设定借款人向贷款人支付的贷款资本回报率（以贷款金额的百分比表示）。

折现率：折现是将一笔或多笔未来款项减至其现值的过程。它回答的问题是："X 元在 Y 年后的现值是多少？"这与资本化不同，资本化给出的是今天一笔金额的未来价值。

通货膨胀率：指货币通货膨胀率，用于计算总净现值。

4.3.2 并网类型

项目并网的选择是指光伏电站接入电网的方式。并网方式的选择将直接影响光伏电站的运行模式、电能质量以及经济效益。在新能源领域，常见的并网方式有集中式并网和分布式并网两种。

集中式并网是指光伏电站通过高压输电线路将电能直接送入大电网，与大电网进行电能交换。这种并网方式适用于大型光伏电站，具有输电距离远、容量大、运行稳定等特点。但集中式并网也可能带来一些问题，如电网接入难度大、对电网稳定性要求高等。

分布式并网则是指光伏电站通过低压配电网将电能送入用户侧，与用户侧的用电负荷进行电能交换。这种并网方式适用于小型光伏电站和用户侧分布式光伏系统，具有灵活性高、接入简单、对电网稳定性影响小等特点。但分布式并网也可能存在一些问题，如电能质量问题、电网调度难度等。

在选择并网方式时，我们需要综合考虑光伏电站的实际情况和需求，包括地理位置、气候条件、设备性能、用电负荷等因素。同时，我们还需要考虑电网的接入条件、政策支持和经济效益等因素。通过合理的并网方式选择，我们可以确保光伏电站的稳定运行和经济效益的最大化。

单击"项目类型"右方下拉箭头可选择项目并网类型，如图 4.32 所示。

图 4.32 项目类型选择

小贴士

在选择项目类型时，需要根据光伏电站的实际情况和需求进行综合考虑。不同的项目类型具有不同的特点和适用范围，因此需要根据地理位置、气候条件、设备性能、用电负荷等因素进行选择。

– 全额上网：将光伏发电全部售给电网。

– 自发自用：光伏发电全部自用，不售给电网。

– 自发自用 + 余额上网：优先使用光伏发电，剩余部分售给电网。

– 自主式：离网，完全使用光伏发电，不与电网连接。

4.3.3 电价设置

1. 上网电价设置

上网电价设置是指光伏电站向电网出售电能的价格。在中国，上网电价通常由政府部门制定，并根据不同地区、不同时间段的电力市场需求和电价政策进行调整。上网电价设置将直接影响光伏电站的售电收入和经济效益。因此，在进行经济性计算时，需要准确设置上网电价参数。根据当地电价政策设置参数。选择项目类型为"自发自用 + 余额上网"设置上网电价，然后单击"导入小时价格"下方的"＋"按钮导入，如图 4.33 所示。

如果上网电价为固定价格，可以直接输入固定上网电价，在"交流电价格"中直接输入当地固定上网电价，例如：0.39，单位为"元 /kW·h"。

图 4.33　上网电价的设置

如果上网电价不固定，分季节或分时段，则用户可以通过四种方式新建分时上网电价，单击"导入小时价格"下方的"+"按钮，如图 4.34 所示。

1）使用已有电价类型：在下拉列表框中选择一个典型分时电价类型，填入不同时段的价格。

2）新增电价类型：单击"新增电价类型"按钮，用户新增不同日期范围、不同时段，设置不同价格。

3）导入 CSV 格式电价类型：通过下载软件提供的"templateHourlyPricesProfile.csv"模板，填入全年、一个季度、一个月或某个周期的分时电价，导入后，软件会自动生成全年分时电价。

4）导入 JSON 格式电价：JSON 格式文件可以是其他用户通过第 1、第 2 或第 3 种方式已配置完成的电价类型导出的格式，用于用户间共享电价类型配置。

＋ 导入卖电电价　(教程 ▶)

✎ 使用已有电价类型

　　　选择电价类型　　　　　　　　▼

＋ 新建电价类型

　　　　　新增电价类型

🗋 导入CSV格式电价类型　❶ 选择日期选项，再选择包含待导入数据的文件

⊙ 文件日期格式　　　　　　　　　🗓 夏/冬令时(国内项目无需勾选)
◉ dd/mm/yyyy　○ mm/dd/yyyy　□ 应用

选择附件　　　　　　⬆ 浏览　　　📄 模板 templateHourlyPricesProfile.csv

　　　　　　　　　　　　　　　　🗋 导入JSON格式电价：

❶ 重新导入已导出的电价类型

选择附件　　　　　　⬆ 浏览　　　📄 模板 templateHourlyPricesProfile.json

　　　　　　　　　　　　　　　　✖ 取消　　✔ 确认

图 4.34　导入卖电电价

2. 购电电价设置

购电电价设置是指用户从电网购买电能的价格。在光伏电站运行过程中，当发电量不足以满足用电需求时，需要从电网购买电能以保证电力系统的稳定运行。购电电价通常由政府部门制定，并根据电力市场的供需关系和电价政策进行调整。购电电价设置将直接影响光伏电站的购电成本和经济效益。

选择项目类型为"自发上网+余额上网"设置购电电价，然后单击"导入小时价格"下方的"＋"按钮导入，如图 4.35 所示。

图 4.35　购电电价的设置

小贴士

在进行电价设置时，需要充分了解当地的电价政策和市场情况，以确保电价设置的合理性和准确性。同时，还需要注意电价调整的时间和周期，以及电价调整对光伏电站经济效益的影响。

用户可以直接输入固定的加权平均购电电价，在"交流电价格"中直接输入计算后的加权平均电价，例如：0.78，单位为"元/kWh"。

如果希望设置更加准确的分季节或分时峰谷购电电价，则可以通过四种方式新建分时购电电价，单击"导入小时价格"下方的"+"按钮，如图4.36所示。

图 4.36 导入电价

1）使用已有电价类型：在下拉列表框中选择一个典型分时电价类型，填入不同时段的价格。

2）新增电价类型：单击"新增电价类型"按钮，用户新增不同日期范围，不同时段，设置不同价格。

3）导入 CSV 格式电价类型：通过下载软件提供的"templateHourlyPricesProfile. csv"模板，填入全年、一个季度、一个月或某个周期的分时电价，导入后，软件会自动生成全年分时电价。

4）导入 JSON 格式电价：JSON 格式文件可以是其他用户通过第 1、第 2 或第 3 种方式已配置完成的电价类型导出的格式，用于用户间共享电价类型配置。

软件厂商已经为国内用户配置了全国各省市的工商业代理购电电价配置 JSON 文件，可以联系软件服务商获取，获取相应 JSON 文件导入即可。例如，图 4.37 所示为 2024 年 4 月某省工商业 1~10kV 代理购电分时电价导入后的效果，也可在这里进行分时电价日期范围、时段、价格设置。

7	冬季低谷12	0.32666875	范围	01/12	31/12	选择时间段	10:00	14:59		
8	冬季深谷12	0.22536875	范围	01/12	31/12	选择时间段	11:00	13:59		
9	冬季高峰12	1.03486875	范围	01/12	31/12	选择时间段	16:00	20:59		
10	冬季尖峰12	1.18656875	范围	01/12	31/12	选择时间段	16:00	18:59		
11	冬季平时12	0.68066875	范围	01/12	31/12	选择时间段	15:00	15:59		
12	冬季平时12	0.68066875	范围	01/12	31/12	选择时间段	21:00	09:59		
13	春季低谷3-5	0.32666875	范围	01/03	31/05	选择时间段	10:00	14:59		
14	春季深谷3-5	0.22536875	范围	01/03	31/05	选择时间段	11:00	13:59		
15	春季高峰3-5	1.03486875	范围	01/03	31/05	选择时间段	17:00	21:59		
16	春季尖峰3-5	1.18656875	范围	01/03	31/05	选择时间段	17:00	19:59		
17	春季平时3-5	0.68066875	范围	01/03	31/05	选择时间段	15:00	16:59		
18	春季平时3-5	0.68066875	范围	01/03	31/05	选择时间段	22:00	09:59		

图 4.37　分时电价日期范围、时段、价格设置

春季 4 月峰谷电价图形化预览如图 4.38 所示。

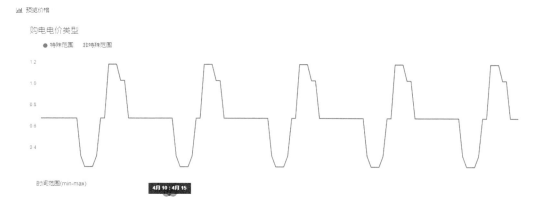

图 4.38　春季 4 月峰谷电价图形化预览

夏季 7 月峰谷电价图形化预览如图 4.39 所示。

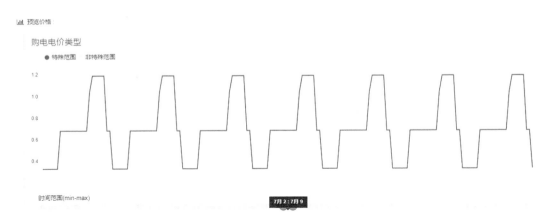

图 4.39　夏季 7 月峰谷电价图形化预览

4.3.4　经济效益指标

经济效益指标是衡量光伏电站经济效益的重要参数，主要包括折现回报期、内部收益率、净现值和动态投资回收期等。这些指标能够全面反映光伏电站的经济效益和盈利能力，为投资者和运营者提供决策依据。选择"计算经济效益"选项，即可得到经济效益指标。如图 4.40 所示。

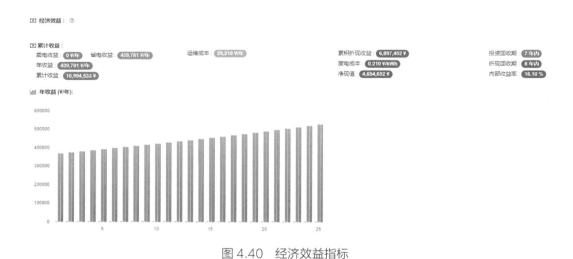

图 4.40　经济效益指标

在进行经济效益指标计算时，需要确保输入的数据和参数准确无误，并且符合实际情况。同时，还需要注意经济效益指标的计算方法和标准，以确保计算结果的可靠性和可比性。

卖电收益：光伏发电剩余电量销售给电网的收益，通过上网电量和上网电价可以计算得出。

省电收益：通过光伏发电自用消纳电量和购电电价计算得出。

累计收益：去除运维成本的累计收益。

年收益：去除运维成本的平均年收益。

运维成本：平均年运维成本（考虑通货膨胀）。

净现值：光伏设备运行结束时的财务收益。它是通过计算累计贴现收入与投资之间的差额得出的。净现值是投资的重要参考标准。如果净现值大于 0，则项目有利可图，因为投资收回了投入的资本，补偿了投入的资金，并产生了现值等于项目净现值的盈余。

内部收益率：就是项目净现值为零时的贴现率，也就是项目的收益率，即项目内部收益率。如果内部收益率大于加权平均资本成本（WACC），则称该项目有利可图，这是一种迭代计算：archelios PRO 在最小费率（0，即 0%）和最大费率（1，即 100%）之间以 0.001 为单位循环，并计算每个时间步骤的净现值。一旦净现值为零（或变为正值），就会检索取消该值的比率。可以用内部收益率代替目前的股本收益率进行检查，发现净现值确实为零。由于计算步骤不同，百位数可能会有偏移。

折现回收期（TRA）：这是净现值为零的观察期。它大于总投资回收期，即初始投资与年平均现金流（未贴现）之间的比率。如果平均投资回报率小于观察期，则项目有利可图。

度电成本（Levelized Cost Of Electricity，LCOE）：这是在观察期内项目支出折现总和与发电量折现总和之间的比率，换句话说，就是电站生产每 kWh 电量的成本价格。

现金流示意图：可以突出显示分析期间任何时间的可用资金情况。

小贴士

项目生命周期可通过"参数设置"菜单，定义"项目生命周期"数值，软件默认为 20 年，则经济收益计算的周期为 20 年。

4.4 设计成果导出

项目设计成果的展示与总结是项目结束后的重要环节，它不仅是对项目过程的回顾，也是对项目成果的评估和呈现。报告可导出包含气象站数据、太阳辐照度、装机功率、年发电量、系统效率及年收益的项目投资收益计算报告。

扫码看视频

archelios PRO
导出格式介绍

1. 项目摘要及企业品牌图标

项目摘要通常是对项目的简明扼要的描述，包括项目的目标、主要内容、预期成果以及可能遇到的问题和解决策略。而企业品牌图标通常指的是企业的标志（LOGO），它是企业品牌形象的重要组成部分。根据需求可自行填写公司名称、公司地址、项目说明以及更换品牌图标，如图 4.41 所示。

☰ 项目摘要

公司：

公司地址：

💾 保存

项目概况：

archelios

地点：
气象站：Beijing 1996-2015
水平面总辐照：1,307 kWh/m².年
装机功率：11.3 kWp

⚡ 年发电量（交流电）14,770 kWh/年
系统效率 82.1 %
年收益 ¥ USD

图 4.41　项目摘要及企业品牌图标设置

小贴士

用户可以在主菜单"个人资料"中提前设置"公司名称""地址"信息，在每次新建项目后，这些信息会自动填入到项目中。

2. 效果图

"效果图"导栏可以通过"添加图片"导入外部图片用于"添加到报告内"，也可以添加三维电站视图中的截图（仅当项目类型为 3D 项目时）。用户可以指定一张图片"添加到报告封面"，可以通过"缩略图号"小图标调整图片的排列顺序，如图 4.42 所示。

图 4.42 效果图

①在普通项目中，由于没有电站三维建模，效果图可以导入现场拍摄的照片或其他图片用于丰富计算报告，用户可以选中"添加到报告封面"将一张图片添加到报告的封面页，其他图片则出现在计算报告"效果图"页面中，如图4.43所示。

②在 3D 项目中，效果图可以添加项目第 2 步中的"当前 3D 视图"，单击后页面自动跳转到 3D 视图，调整合适角度，单击左侧"相机"按钮完成自动拍图，如图 4.44 和图 4.45 所示。

图 4.43 普通项目导入图片　　　图 4.44 3D 项目增加拍照图

图 4.45　3D 项目拍照图标

　　拍完照后，页面会显示"截图已保存"，用户再回到"导出"菜单，查看效果图内容，用户可以添加多张拍照图片，也可以自行导入其他图片，用于丰富报告中的效果展示，如图 4.46、图 4.47 和图 4.48 所示。

图 4.46　拍照后消息显示

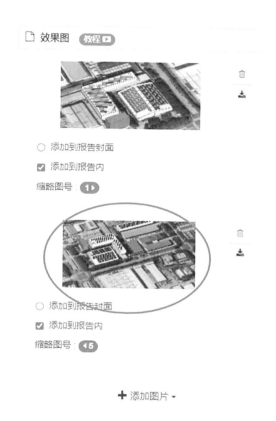

图 4.47　导出菜单自动增加拍照图片

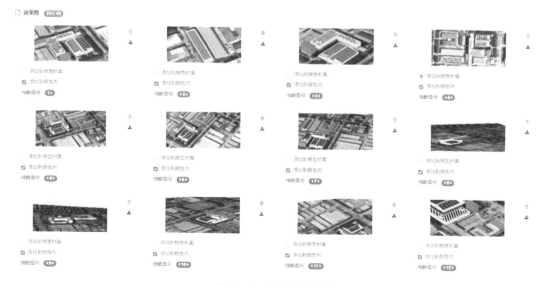

图 4.48　效果图总览

3. 导出 archelios SUITE 格式

archelios SUITE 指 archelios 光伏软件套件，包含 archelios PRO 和 archelios CALC 两个软件，如图 4.49 所示。

导出 archelios CALC 是指将本项目的组件、逆变器选型和组串接线数据导出为 .arc_sol 格式，可通过 archelios CALC 软件打开，并进行电缆载流量和压降计算、浪涌保护器选型、开关及保护设备选型计算和短路电流计算等，最终出具项目的电气计算书，如图 4.50 所示。

图 4.49　archelios 的两种导出格式　　　图 4.50　archelios CALC 导出

图 4.51 所示为 archelios CALC 计算选型软件界面。

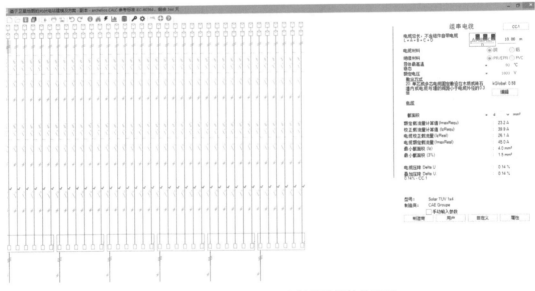

图 4.51　archelios CALC 计算选型软件界面

本书不对 archelios CALC 软件做进一步描述，如读者对此软件有兴趣，请联系 Trace Software 公司相关人员咨询。

导出 archelios PRO 本地文档是指可以将本项目从云端备份为 .a3d.zip 格式的本地项目文件，用于用户间的分享和项目备份等使用，如图 4.52 所示。备份后的本地文件可以在项目管理页面通过导入文件功能导入后继续在云端查看和设计。

图 4.52　导入 .a3d 文件

4. 导出 PDF

将项目所有设计和仿真数据结果，导出为 PDF 格式光伏电站仿真 & 计算选型报告（科研报告），如图 4.53 所示。

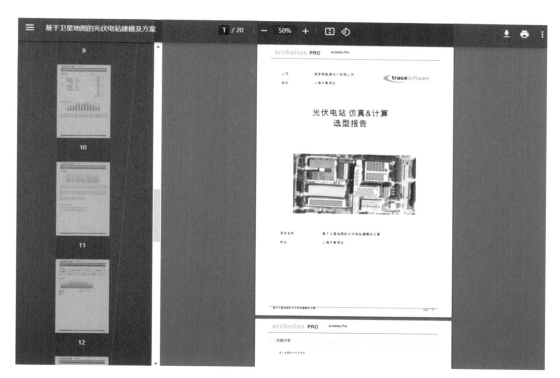

图 4.53　导出 PDF

导出 PDF 前，用户可以自定义企业 LOGO，如图 4.54 所示。

导出 PDF 前，用户可以通过 PDF 内容设置，勾选报告中需要出现的内容，定义效果图在报告中的排列方式等，如图 4.55 所示。

图 4.54 自定义 LOGO

图 4.55 导出 PDF 设置

小贴士

PDF报告中包含所有项目的细节内容，如果希望精简PDF报告的内容，用户可以通过单击图4.55右侧"齿轮"按钮，勾选需要添加到PDF报告中的内容，如图4.56所示。

⚙ PDF内容设置

PDF报告中要显示的内容
☑ 公司名称
☑ 公司地址
☑ 公司 LOGO
☑ archelios LOGO
☐ 详细内容
☑ 封面图片
☑ 气象站
☑ 项目地点
☐ 项目仿真参数
☑ 组件 / 逆变器
☐ 优化器选型
☑ 发电量
☑ 自用电
☐ 水泵储能
☑ 经济
☐ 专业术语
☐ 自定义页眉
☑ 曲线图
☑ 效果图
  页面方向：纵向 ∨
  图片位置：两列 ∨

取消 保存

图 4.56 PDF 导出内容设置

5. 导出 CSV 及 Excel

导出 CSV：将项目的所有设计和计算数据导出为 .csv 格式。如果用户希望通过自己的 Excel 模板或其他平台展示项目数据，则可以通过此导出数据进行二次加工，以便满足自身定制化报告的需求，如图 4.57 所示。

导出 Excel：用户可以下载本软件提供的 Excel 模板，配合导出的 CSV 数据，形成个性化风格的项目数据报告。

小贴士　① CSV 导出时默认采用"；（分号）"为每列数据分隔符，如图 4.58 所示。通常情况下 Windows 系统需要将"列分隔符"设置为"；"，在读取和处理 CSV 时才更加可视化。方法如下：打开 Windows"设置"菜单，进入"时间和语言"→"语言和区域"→"管理语言设置"→"格式"→"其他设置"，修改列分隔符为"；"，如图 4.59 所示。

例如图 4.59 所示中 Windows 系统的"列表分隔符"为"；"。

此时查看导出的 .csv 文件时，即可以观察到更加可视化的数据，便于后期二次处理，如图 4.60 所示。

② Excel 模板的使用方法：同时打开 Excel 模板和导出的 csv 文件，将 .csv 文件内容全选复制，粘贴到 Excel 模板中的 CSV 工作表中，Excel 中其他工作表会自动更新图表化数据，Excel 模板包含多个工作表，如首页、总览、逆变器配置、设备清单、辐照阴影、气象、仿真参数、发电量、总消纳、年消纳、月消纳、财务指标、详细收益和专业术语如图 4.61 所示。

Excel 模板具体使用方法，在模板内第一个"帮助"工作表中，可以获取具体使用方法，这里不再阐述。

Excel 模板默认为英文版本，如果需要，请联系软件服务商获取中文版本 Excel 模板。

图 4.57　导出 CSV 及 Excel　　　　　图 4.58　导出 CSV 分隔符设置

图 4.59　Windows 分隔符设置

	A	B	C	D	E	F	G	H	I	J	K	L	M	N	O
61	globalannuelmask	1216.984													
62	directannuelmask	408.546													
63	diffusannuelmask	808.438													
64	altitude	6													
65	m_coef_alteration	0	0	0	0	0	0	0	-0.72	-0.62	-0.3	-0.3	0.5	-0.27	0.57
66	horizon_mask	0.1	0.1	0.1	0.1	0.1	0.1	0.1	0.1	0.1	0.1	0.1	0.1	0.1	0.1
67	mask_import	0	0	0	0	0	0	0	0	0	0	0	0	0	0
68	m_use_horizonmask	TRUE													
69	m_use_imported_mask	FALSE													
70	m_SunAzimut	3.036872845	-2.18166	-1.81514	-1.62316	-1.50098	-1.37881	-1.25664	-1.13446	-0.99484	-0.8203	-0.59341	-0.33161	-0.01745	0.279253
71	m_SunAngularHeight	-1.398545888	-1.29306	-1.08661	-0.86416	-0.63933	-0.41647	-0.19858	0.01098	0.207543	0.384025	0.529712	0.629876	0.669029	0.639385
72	m_VisibleSunAngularHeight	0	0	0	0	0	0	0	0.01098	0.207543	0.384025	0.529712	0.629876	0.669029	0.639385
73	m_SinVisibleSunAngularHeig	0	0	0	0	0	0	0	0.01098	0.206057	0.374655	0.505285	0.589044	0.620225	0.596702
74	m_CosVisibleSunAngularHeig	1	1	1	1	1	1	1	0.99994	0.97854	0.927164	0.862953	0.808101	0.784424	0.802463
75	m_GlobalHorizontalCielClair							0	7.834495	129.561	286.3379	426.3155	521.1696	557.1897	529.9851
76	m_Parameter_KtOfMonth	0.35208696	0.375329	0.360322	0.397761	0.411839	0.361672	0.42531	0.429095	0.42447	0.436846	0.39453	0.388236		
77	m_Parameter_Kt_m_OfMontl	0.601011819	0.62524	0.58635	0.632702	0.63783	0.558072	0.645823	0.659043	0.656707	0.698437	0.661621	0.66871		
78	m_DiffuseWithOutMask	0	0	0	0	0	0	5.288153	80.80302	127.8802	155.4695	170.5188	175.6551	171.802	
79	m_DirectWithOutMask	0	0	0	0	0	0	0	11.95543	46.18821	82.96203	109.9291	120.5231	112.5049	
80	m_GlobalWithOutMask	0	0	0	0	0	0	5	93	174	238	280	296	284	
81	m_GlobalWithMaskBeforeBif	0	0	0	0	0	0	5	93	174	238	280	296	284	
82	m_DiffuseWithMask	0	0	0	0	0	0	5.275411	80.63744	127.6293	155.174	170.2451	175.3781	171.5273	
83	m_DirectWithMask	0	0	0	0	0	0	0	11.95543	46.18821	82.96203	109.9291	120.5231	112.5049	
84	m_GlobalWithMask	0	0	0	0	0	0	5	93	174	238	280	296	284	
85	m_GlobalWithOutMaskNoIAl	0	0	0	0	0	0	6	102	186	251	292	308	296	
86	m_GlobalWithMaskNoIAM	0	0	0	0	0	0	6	102	186	250	292	308	296	
87	m_CosIncidence	6.12E-17	6.12E-17	6.12E-17	6.12E-17	6.12E-17	6.12E-17	6.12E-17	0.01098	0.206057	0.374655	0.505285	0.589044	0.620225	0.596702
88	m_Gh_h	0	0	0	0	0	0	5.455823	102.3904	186.1675	251.0781	292.6984	308.1922	296.5036	
89	m_Gh2	0	0	0	0	0	0	5.455823	107.8462	294.0137	545.0918	837.7902	1145.982	1442.486	
90	m_I0	0	0	0	0	0	0	1411.31	2822.62	4233.93	5645.24	7056.551	8467.861	9879.171	
91	m_Kx	0	0	0	0	0	0	0.003866	0.038208	0.069442	0.096558	0.118725	0.135333	0.146013	
92	m_HourTemperaturesTa	0	0	0	0	0	0	-0.01765	1.913155	3.669246	5.193757	6.440073	7.373823	7.974266	
93	m_MinTemperatures	-0.017654303													
94	m_MaxTemperatures	8.235	10.59	15.7	21.49	26.295	29.42	33.77	32.85	28.565	23.69	17.675	10.965		
95	irradProfile	0	0	0	0	0	0	4.205179	43.61917	139.9226	185.1679	456.4359	231.0266	471.3888	
96	tAmbProfile	0	0	0	0	0	0	1.12859	1.731211	2.913706	3.850842	6.072146	6.404216	7.691414	
97															
98															

图 4.60　可视化 csv 数据

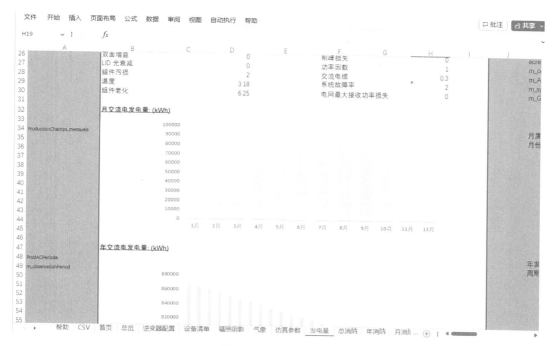

图 4.61　Excel 模板

6. 导出单线图

将项目中的组件、组串与逆变器直流侧配置，自动导出为单线图形式，如图 4.62 所示。

单线图即光伏电站直流侧的系统接线图，分为三种格式，可以方便用户后期的电气深化设计使用，导出的单线图效果如图 4.63 所示。

单线图

导出 PDF

导出 DXF

导出 PNG

图 4.62　导出单线图

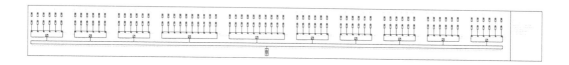

图 4.63　单线图整体图

局部图如图 4.64 所示。

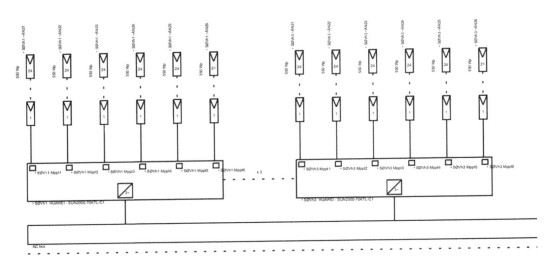

图 4.64 单线图局部图

7. 导出几何 / 平面图

根据所需导出文件格式，在"几何 / 平面图"窗口中选择对应的文件格式导出即可，如图 4.65 所示。

几何 / 平面图

导出DXF

导出GeoJSON

导出KML

图 4.65 导出平面图

小贴士

① DXF 平面图可以方便施工图设计，其中包含组件布置图、组串接线示意图、组串标注、支架桩点图和坐标等内容，导出时可以选择不同图层，不同坐标系，如图 4.66 所示。

导出的 DXF 中包含：组件排布图、组串名称和组串电缆，并可以区分按组串或按逆变器或按 MPPT 的不同颜色显示，如图 4.67 所示。

② GeoJSON 和 KML 文件用于结合"谷歌地球"等工具，在 GIS 环境下展示项目光伏电站的设计效果。

GeoJSON 图层文件用于导入到 GIS 平台，如 Google Maps、OpenStreetMap、Leaflet 等。KML 图层文件用于导入 Google 地球，如图 4.68 所示。

图 4.66　导出 DXF 设置

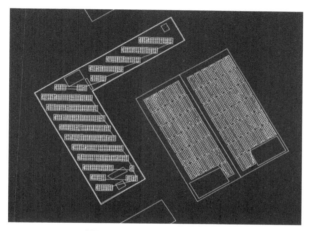

图 4.67　导出的 DXF 图

图 4.68　导入 Google 地球

8. 分享项目

分享项目是一个团队协作的重要工具，在不同用户间分享您的项目内容，输入对方账号或绑定的电子邮箱，项目将在其他用户的"项目列表"中自动建立一个副本。选择"分享项目"，输入对方的 archelios PRO 账号即可实现云端项目分享，如图 4.69 所示。

图 4.69　分享项目

9. 项目对比

项目对比是投资项目评估工作的重要组成部分，它旨在通过对比分析，选出最佳投资方案。如图 4.70 所示。

项目	装机功率 (kWp)	平均交流电发电量 (kWh)	系统效率	度电成本	投资额 (元)	净现值 (元)	说明	删除
基于卫星地图的光伏电站建模及方案	1,485	1,501,564	78.9	0.373	7429050.000	8,852,844	某工业园区分布式项目	
某工商业屋顶分布式光伏及其储能电站方案设计	1,485	1,477,748	77.6	0.342	6683850.000	12,083,823	某工业园区分布式项目	🗑

＋添加项目做对比

图 4.70　项目对比

在 archelios PRO 主页面"项目树"中，用户可以将当前项目建立一个副本项目，通过对副本项目做修改（例如修改组件角度、数量和选型等内容），再利用"项目对比"将两个或多个项目进行对比，通过对"装机功率""发电量""系统效率""度电成本""投资额"和"净现值"的核心数据比较，帮助用户对设计方案做决策。

第 5 章　SketchUp 分布式光伏项目建模

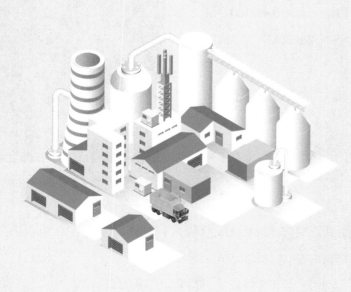

5.1 archelios PRO 的 SketchUp 插件安装

扫码看视频

SketchUp 插件
安装

archelios PRO 能够与 SketchUp 这款广泛使用的 3D 建模软件集成使用。通过安装 archelios PRO 的 SketchUp 插件,用户可以轻松地在 SketchUp 中进行光伏电站建模及性能模拟和分析。本节将详细介绍 archelios PRO 的 SketchUp 插件的安装步骤,帮助用户顺利完成安装,为光伏电站建模和性能分析功能做好准备。

1. 准备工作

在开始安装之前,请确保您的计算机已经安装了 SketchUp 软件,推荐 2017~2024 版本,确保与 archelios PRO 插件兼容。此外,还需要从 archelios PRO 官方渠道(www.archelios.cn)下载插件安装包。

2. 安装步骤

1)下载插件安装包:访问 archelios PRO 官方网站,在左侧菜单栏单击"插件 SketchUp",如图 5.1 所示。

2)单击后在窗口中单击"下载插件"按钮,如图 5.2 所示。

3)下载完 exe 文件后按照提示步骤进行安装,选择设备已安装的 SketchUp 版本安装插件,如图 5.3 所示。

图 5.1 插件 SketchUp 选择

4)启用插件:安装完成后,启动 SketchUp 软件,打开模型文件,在窗口内可以看到新增的 archelios PRO 插件菜单,如图 5.4 所示。

要在 3D 中创建一个新项目，您可以将 SketchUp 与 archelios 插件配合使用。

如需仿真3D光伏电站，需提前安装以下软件：

1.　安装 SketchUp (Trimble公司软件)

　　　下载SketchUp PRO

　　ⓘ 了解 SketchUp：试用 7 天

2.　安装 archelios 插件

　　　　下载插件 (适用于 Windows)

　　　　下载插件 (适用于 MAC)　　　　查看帮助

3.　用 SketchUp 设计电站

　　观看教学视频 ▶

4.　3D设计完成后，导出至 archelios 在线版进行经济计算

5.　3D Viewer

　　观看教学视频 ▶

图 5.2　插件安装

　▣ 安装 - Archelios PRO Plugin SketchUp　　　　　—　　　✕

　SketchUp 版本

　　选择要安装插件的 SketchUp 版本

　　　SketchUp 2017
　　　SketchUp 2018
　　　SketchUp 2019
　　☐ SketchUp 2020
　　☐ SketchUp 2021
　　　SketchUp 2022
　　☑ SketchUp 2023
　　　SketchUp 2024

　　　　　　上一步(B)　　下一步(N)　　取消

图 5.3　SketchUp 版本选择

图 5.4　插件菜单

如果没有插件菜单加载，可尝试鼠标右键单击菜单空白区域，激活"archelios"菜单就可以显示菜单，如图 5.5 所示。

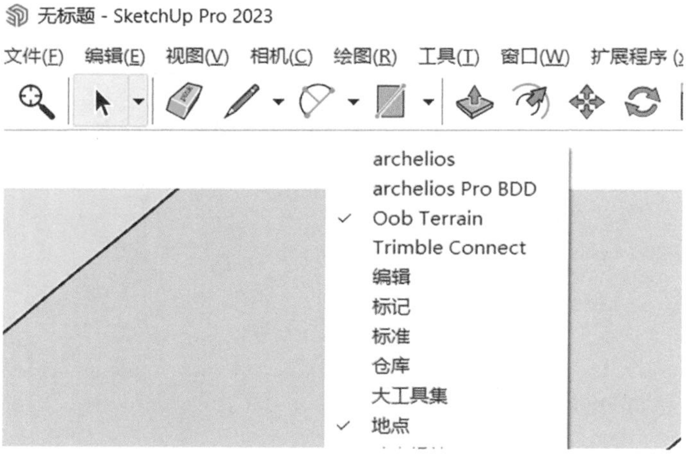

图 5.5　激活插件

单击"钥匙"图标，输入用户的 archelios PRO 的账号密码，即可点亮插件所有功能菜单，开始使用，如图 5.6 所示。

图 5.6　插件使用

3. 常见问题及解决方案

1）插件无法安装：检查插件安装包是否完整下载。

2）插件无法启用：出现如图 5.7 所示错误时，检查 SketchUp 软件的安装路径是否包含中文字符的文件夹，如 "D:/ 新建文件夹 /Sketchup..."，需要卸载后重新安装在不含中文字符的路径中，再安装 archelios PRO 插件即可。

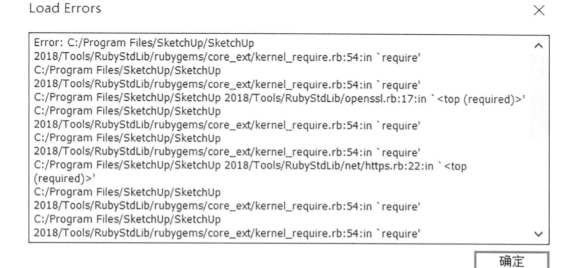

图 5.7　常见问题解决

通过以上步骤，即可完成 archelios PRO 的 SketchUp 插件的安装。

小贴士　① SketchUp 软件是 Trimble 公司发行的软件产品，请用户购买和安装 SketchUp 官方软件，确保 archelios PRO 插件的各项功能正常使用。
② 在 archelios PRO 插件安装前，请关闭 SketchUp 软件，否则无法安装。

5.2　archelios PRO 的 SketchUp 插件介绍

archelios PRO 的 SketchUp 插件可以进行光伏组件布置、阴影遮挡计算、地形分析和电缆布置等操作的辅助工具，该插件通过集成 archelios PRO 的算法和数据库，方便用户进行更加高效、精确的光伏电站设计。

具体来说，archelios PRO 的 SketchUp 插件具有以下功能：

1）提供超过 10000 个光伏组件数据，全球超过 5000 个气象站数据。

2）辅助在屋顶、建筑表面、地面、山地不规则面高效布置光伏组件。

3）基于角度、遮挡以及气象站数据的光伏组件辐照损失评估。

4）三维模型无缝输出到 archelios PRO 在线应用程序上进行高效精准的发电量计算、消纳、储能和经济收益分析。

总的来说，archelios PRO 的 SketchUp 插件为光伏项目的规划、设计和仿真提供了强大的支持，通过这款插件，有利于令光伏电站的设计更有效率，既适合工程设计人员，也适合学生。

5.3 光伏组件选型及批量布置

在插件中登录 archelios PRO 账号，点亮插件菜单图标，即可开始工作。

1. 组件选型

1）在插件菜单中单击"添加组件"按钮，如图 5.8 所示。

2）在弹出的窗口中选择"组件制造商"和"组件类型"，如图 5.9 所示。

扫码看视频

SketchUp 插件光伏组件选型及批量布置

图 5.8　添加组件

图 5.9　组件选型

2. 放置第一块组件

选好组件类型，单击"放置组件"按钮，将组件放置在屋顶表面。注意，第一块组件的放置位置会影响接下来的组件排列方式，软件会以第一块组件为基准，向四周自动排列同类型组件，遇到障碍物则自动避让。因此第一块组件可尽量放置在屋面左下角，作为起始位置，与建筑边界的距离可自行定义，如图 5.10 所示。

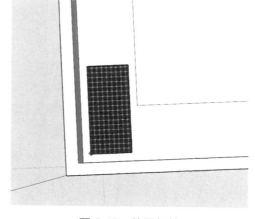

图 5.10　放置组件

3. 批量布置

1）单击"复制组件"按钮，如图 5.11 所示。

图 5.11　复制组件

2）选择需要批量布置组件的面（如屋顶等），然后在弹出的"布置组件"窗口中设置组件排列参数，单击"自动布置"按钮即可完成批量布置，如图 5.12 所示。

图 5.12　组件批量布置

小贴士

　　①参数设置方法与 3.3 节中组件参数设置方法相同。

　　②计算前后排阴影间距前，需要先对模型进行地理定位，通过单击视图左下角"地理位置"图标，通过"添加更多图像"或"手动设置位置"设置当前模型的地理定位和经纬度坐标，如图 5.13 所示。

　　③前后排阴影间距计算时间，与 3.3 节不同的是，阴影时间需要在 SketchUp 的阴影菜单中设置当前模型时间，在带倾角的组件排布时，可以自动

计算当前时间点的前后排组件阴影间距。

④注意，当第一块组件在当前时间点的影子能投射到屋面以外区域时，前后排组件阴影间距不能计算（显示错误："仅在倾角大于 0 时做间距自动计算"），需把组件移动距离屋顶边界一定距离（如图 5.14 所示），再计算前后排阴影间距。

⑤注意，组件自动布置不受建筑阴影边界影响，而是根据屋面可利用面进行最大化的布置。在 5.4 节将介绍组件辐照计算，软件根据计算结果，判断组件受阴影影响的程度，筛选组件。

图 5.13　设置模型位置

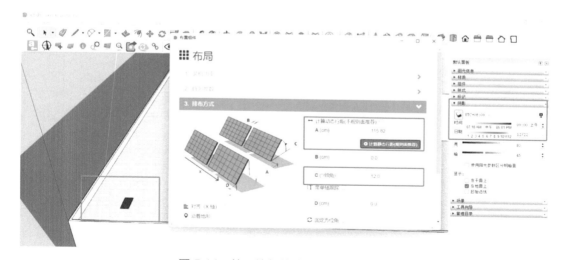

图 5.14　第一块组件位置离开屋顶边缘

5.4 阴影条件下光伏组件的辐照量计算

由于软件不根据建筑阴影边界进行组件排布，它采用分析每个组件在当前遮挡条件下的辐照数据辅助用户判断组件受阴影的影响程度，由用户判断组件是否符合

发电和收益条件，并自动根据用户设置的辐照数据条件进行组件筛选，这能最大化帮助用户仿真组件的发电性能，通过发电性能来判断组件是否保留，而不是简单地根据某个时段的建筑阴影边界作为组件布置的区域范围条件。因为在某些光照资源非常优质的区域，建筑阴影边界并不一定是判断组件布置的最佳条件，通过每块组件的辐照数据仿真并筛选是最合理的方式。

完成组件自动布置后，将模型文件保存，单击"辐照计算"，如图 5.15 所示。

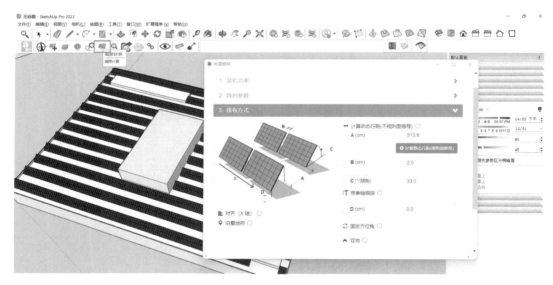

图 5.15　辐照计算

运用插件进行每个组件的辐照数据计算，单击如图 5.15 所示的"辐照计算"按钮，打开如图 5.16 所示的窗口单击"计算每块组件辐照"按钮，软件会自动计算：

1）辐照数据：根据地理坐标获取软件数据库中气象站数据库，并校正计算得出的项目地点水平面年辐照、最优倾角年辐照以及项目地点的最佳方位角和最佳倾

角。最小辐照 338kWh/（m²·年）是指当前项目所有组件中受阴影影响最大的组件辐照量，最大辐照 1422kWh/（m²·年）是指当前项目所有组件中受阴影影响最小的组件辐照量。

2）峰值日照时数颜色显示：软件根据模型中的建筑遮挡和前后排组件遮挡，逐时分析全年的辐照损失，计算得出以小时为单位的辐照数据，如图 5.16 所示，所有组件中的最佳峰值日照小时数为 1422kWh/（m²·年），即一年时间内，组件每平方米范围，辐照量达到 1kW 的小时数为 1422h。通过拖动颜色显示条，模型中的组件会通过颜色渐变显示峰值日照时数的区别。如图 5.16 所示，辐照达到或接近 1422 kWh/（m²·年）的组件会显示为绿色，通过颜色渐变，辐照低于 1000 kWh/（m²·年）的组件会显示为红色。

图 5.16　计算辐照量

3）组件筛选：如图 5.16 所示，筛选条件为 1000kWh/（m²·年）或输入小时数为 1000，软件将自动隐藏辐照低于 1000kWh/（m²·年）的组件，并在下方组件数显示当前保留的组件数量（2321）和总布置组件数量（2442）。

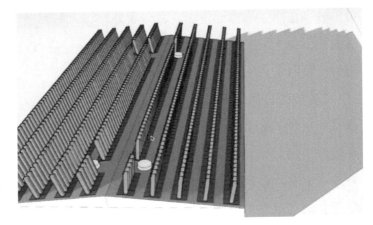

图 5.17　每块组件辐照量的 3D 显示效果

小贴士

如果组件数量少于 1000 块，可以将峰值日照时数颜色显示调整为 3D 柱形显示，如图 5.17 所示。如果组件数量大于 1000 块，建议使用 2D 视图，直接将颜色显示在组件上，便于模型的轻量化处理。

5.5　将模型导出到 archelios PRO

archelios PRO 的 SketchUp 插件能够将布置后的组件和建筑模型导出到 archelios PRO 在线版，用于发电量仿真、消纳计算和经济收益分析。

将筛选后的模型保存，然后单击插件上"导出 archelios"按钮，修改项目名称，选择"立即导出"，如图 5.18 所示。

导出后会自动打开在线版 archelios PRO 软件，以供后续操作。详细步骤可以查看本书第 3 章。

扫码看视频

SketchUp 模型导出 archelios PRO 及双向同步

图 5.18　导出项目选项

第 6 章

Revit 光伏项目建模

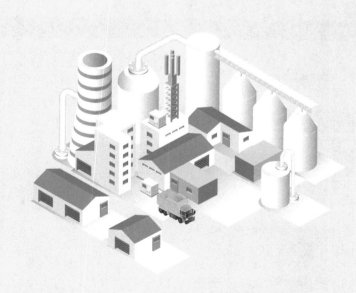

6.1 archelios PRO 的 Revit 插件安装

Revit 是 Autodesk 公司一套系列软件的名称。Revit 系列软件是专为建筑信息模型（BIM）构建的，可帮助建筑设计师设计、建造和维护质量更好、能效更高的建筑。

archelios PRO 提供 Revit 插件，用户通过访问组件数据库，在建筑模型完成光伏组件排布，自动导出至 archelios PRO 平台后完成发电量和阴影损失计算。

扫码看视频

archelios PRO
的 Revit 插件

1. 准备工作

在开始安装之前，应确保计算机中已经安装了 Revit 软件。

2. 插件安装步骤

1）下载插件安装包：访问 archelios PRO 在线版网站，登录账号，在左侧菜单栏单击"插件 Revit"选项，单击"下载 archelios PRO 插件"按钮，如图 6.1 所示。

图 6.1　Revit 插件下载

2）安装插件：下载 exe 插件安装包后，确保 Revit 没有启动，双击 exe 安装包进行插件自动安装，如图 6.2 所示，选择合适的 Revit 版本，进行安装。

图 6.2　Revit 插件安装

3）运行插件，打开 Revit，在菜单栏中可以看到新增的 "archelios PRO" 菜单，单击登录，通过您的账号密码激活插件，如图 6.3 所示。

图 6.3　激活插件

6.2　Revit 中进行光伏建筑一体化项目

1）导入建筑模型：首先，导入建筑模型到 Revit 软件中，包括建筑的结构、外观和布局等信息，如图 6.4 所示。

图 6.4　导入建筑模型

2）添加光伏组件：打开 archelios PRO 插件，通过账号登录，单击"光伏组件"按钮，如图 6.5 所示。

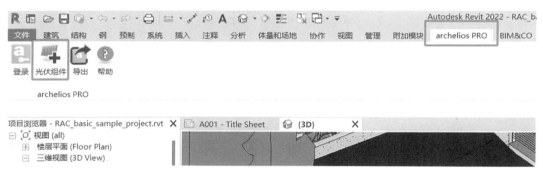

图 6.5　添加光伏组件

访问组件数据库，进行选型，如图 6.6 所示。

选择合适的组件型号后，单击"选组件"按钮，弹出"光伏组件已成功添加"窗口，如图 6.7 所示。

通过项目树，找到"族"目录中的"专用设备"目录，找到"aPRO_Solar Panel"族，可以看到刚刚添加的组件型号，将它拖动到项目模型的屋顶合适位置，布置第一个组件，如图 6.8 所示。

图 6.6　组件选型数据

图 6.7　组件已下载的通知

图 6.8　添加组件到模型

3）批量复制组件：使用"阵列"功能复制组件，调整组件位置，在屋顶合适位置布置组件，如图 6.9 所示。

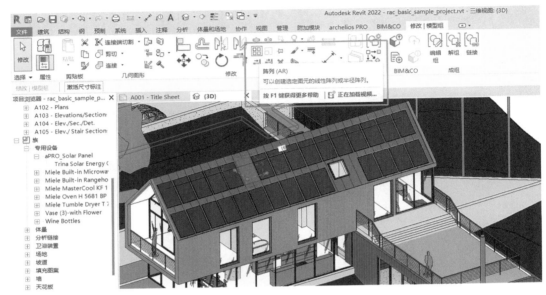

图 6.9　布置组件选项

4）单击菜单"导出"按钮，将模型导出到 archelios PRO 在线版进行发电量仿真、消纳计算和经济收益分析，如图 6.10 所示。

图 6.10　导出数据

小贴士　　　　当模型较复杂时，导出时间较长，建议将建筑模型内不对光伏组件造成遮挡和影响美观的线条及元素隐藏后再导出。

第 7 章 数据库维护

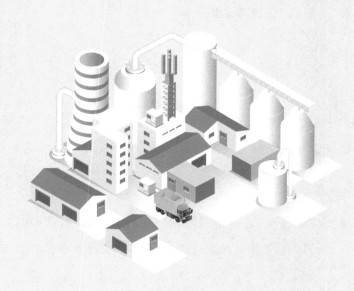

archelios PRO 自带了庞大的在线数据库，包含组件、逆变器、电池和气象站数据库，软件厂商有专业团队负责对数据库进行每日更新和维护，用户也可以在主菜单的"数据库"中新增自定义数据库，如图 7.1 所示。

图 7.1　数据库菜单

7.1　组件库维护

用户通过搜索组件制造商名称或组件型号，搜索和查看软件自带数据库。如果无法找到所需产品型号，用户可以通过两种方式新增自定义数据库。

1. 自定义组件库

选择合适的制造商品牌，选取相似的组件型号，单击"添加组件"或"编辑组件"，就可以自定义录入组件型号名称以及各项参数，如图7.2 所示。

扫码看视频

组件库维护

录入组件参数时，要参考组件厂商提供的官方 PDF 技术参数，将每项参数录入到"组件参数"窗口中，其中并联电阻、串联电阻、二极管反向饱和电流、光生电流和理想因子这几个参数不是必填项，软件可自动生成。除此之外，其他参数都为必填项。

📄 组件制造商

| Longi Solar | ▾ |

📄 组件类型

| Longi Solar - LR6-60PE-305M | ▾ | ⊕ |

✏ 组件 ▾

| 添加组件 |
| 导入组件（.arch） |
| 导入组件（.pan） |
| 编辑组件 |
| 删除组件 |

图 7.2　添加和编辑组件

以隆基 LR7-72HYD-625M 组件为例，隆基官网提供的技术参数文档如图 7.3 所示。

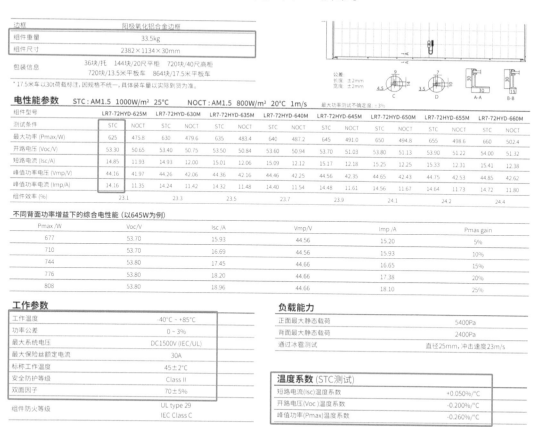

图 7.3　隆基 LR7-72HYD-625M 组件参数

录入 archelios PRO 数据库中的参数如图 7.4 所示。

组件参数

Longi Solar - LR7-72HYD 625M

UID: ab89ec66-1eea-6b85-8357-64a5e35a4d58

组件制造商: Longi Solar

标称最大功率 (W)	开路电压 (V)	短路电流 (A)	最佳工作电压 (V)	最佳工作电流 (A)
625	53.30	14.85	44.16	14.16

类型	电池片数量	双面	双面因子 (%)
单晶硅	144	是	70

NOCT 额定电池工作温度 (°C)	最大功率温度系数 (%/°C)	短路电流温度系数 (%/°C)	开路电压温度系数 (%/°C)
45	-0.260	0.050	-0.200

长度 (mm)	宽度 (mm)	厚度 (mm)	重量 (kg)
2382	1134	30	33.5

计算并联电阻，串联电阻，二极管反向饱和电流，光生电流

并联电阻	串联电阻	二极管反向饱和电流	光生电流	理想因子
319.873	0.19872	0.0000000000	14.859	1.05

最大保险丝额定电流	最大输入电压	已下市
30	1500	否

保存更改　关闭

图 7.4　组件参数设置

录入结束，核对无误后，单击"保存更改"或"添加组件"按钮，系统将存储用户修改或新建的组件参数，在型号前会有"*"标识，代表此型号为用户自建，仅对自己账号的用户可见，不添加至公共数据库，如图 7.5 所示。

图 7.5　添加后的组件列表

2. 导入 .pan 文件

用户通过导入外部获取的组件 .pan 格式文件，可以免于参数手动录入，导入后单击"导入组件"就可以保存组件参数，在型号前会有"*"标识，代表此型号为用户自建，仅对自己账号的用户可见，不添加至公共数据库，如图 7.6 所示。

图 7.6　导入 .pan 文件

7.2　逆变器库维护

逆变器库的新增和编辑方法与组件库类似，用户通过"添加逆变器"或"添加逆变器 多MPPT"或"导入逆变器（.ond）"或"编辑逆变器"新建自定义逆变器库，如图 7.7 所示。

逆变器库维护

☑ 逆变器制造商

| HUAWEI | ▼ |

☑ 逆变器类型

| HUAWEI - SUN2000-100KTL-M1 380V | ▼ | ⊕ |

☑ 逆变器 ▼

> 添加逆变器
> 添加逆变器 多MPPT
> 导入逆变器（.ond）
> 编辑逆变器
> 删除逆变器

图 7.7　添加和编辑逆变器

以华为 SUN2000-100KTL-M0 逆变器为例，华为官网技术参数如图 7.8 所示。

HUAWEI　　　产品与解决方案　　学习与技术支持　　合作伙伴　　如何购买

技术数据

效率

技术指标	SUN2000-125KTL-M0	SUN2000-110KTL-M0	SUN2000-100KTL-M0	SUN2000-100KTL-M1
最大效率	≥99.0%	≥98.6%	≥98.6%	≥98.6%（380V/400V）， ≥98.8%（480V）
中国效率	≥98.4%	≥98.2%	≥98.2%	-
欧洲效率	-	-	-	≥98.4%（380V/400V）， ≥98.6%（480V）

输入

技术指标	SUN2000-125KTL-M0	SUN2000-110KTL-M0	SUN2000-100KTL-M0	SUN2000-100KTL-M1
最大输入电压ª	1100V			
工作电压范围ᵇ	200V ~ 1000V			
最低启动电压	200V			
满载MPPT电压范围ᶜ	625V ~ 850V	540V ~ 800V	540V ~ 800V	540V~800V（380V/400V） 625V~850V（480V）
额定输入电压	750V	600V	600V	600V（380V/400V），720V （480V）
最大短路电流（每路MPPT）	40A			
最大反灌电流（逆变器反灌到 光伏阵列）	0A			
输入路数	20			
MPPT数量	10			

图 7.8　华为 SUN2000-100KTL-M0 逆变器技术参数

输出

技术指标	SUN2000-125KTL-M0	SUN2000-110KTL-M0	SUN2000-100KTL-M0	SUN2000-100KTL-M1
额定有功功率	125kW	110kW	100kW	100kW
最大视在功率	137.5kVA	121kVA	110kVA	110kVA
最大有功功率 (cosφ=1)	137.5kW	121kW	110kW	110kW
额定输出电压[a] (相电压/线电压)	288V/500V, 3W+PE	220V/380V, 230V/400V, 3W+ (N) [b]+PE	220V/380V, 230V/400V, 3W+ (N) [b]+PE	220V/380V, 230V/400V, 277V/480V, 3W+ (N) [b]+PE
额定输出电流	144.4A	167.2A (380V), 158.8A (400V)	152.0A (380V), 144.4A (400V)	152.0A (380V), 144.4A (400V), 120.3A (480V)
适配电网频率	50Hz	50Hz/60Hz	50Hz/60Hz	50Hz/60Hz
最大输出电流	160.4A	185.7A (380V), 176.4A (400V)	168.8A (380V), 160.4A (400V)	168.8A (380V), 160.4A (400V), 133.7A (480V)
功率因数	0.8超前...0.8滞后			

常规参数

技术指标	SUN2000-125KTL-M0	SUN2000-110KTL-M0	SUN2000-100KTL-M0	SUN2000-100KTL-M1
尺寸 (宽×高×深)	1035mm×700mm×365mm			
净重	≤81kg	≤90kg		
工作温度	-25℃~+60℃			
冷却方式	智能风冷			
最高工作海拔	4000m			
相对湿度	0% RH~100% RH			
输入端子[1]	Amphenol Helios H4			
输出端子	压线模块+OT/DT端子			
防护等级	IP66			
拓扑	无变压器			

图 7.8　华为 SUN2000-100KTL-M0 逆变器技术参数（续）

录入到 archelios PRO 的参数如图 7.9 所示。其中最大输入电流为每路 MPPT 最大输入电流总和，如果技术参数中没有此数据，需要联系供应商获取，以确保在逆变器选型和组串与组件数量分配时，软件的推荐更加准确。

小贴士　　在组件和逆变器配置环节，组件的技术参数和逆变器的技术参数都会考虑在内，archelios PRO 确保为用户推荐的逆变器真实且有效，如图 7.10 所示，软件给出的自动配置，当配置正确时参数数值显示为绿色。

⚡ 逆变器参数   ×

HUAWEI - SUN2000-100KTL-M0 380V

UID: c2e32bbb-2440-60d2-9b62-6f55563cd4d3

逆变器制造商: HUAWEI

额定输出功率 (W)	最大直流输出功率 (Wc)	最大有功交流功率 (W)	最大逆变效率 (%)	欧洲效率 (%)
100000	110000	110000	98.6	98.2

MPPT最小电压 (V)	MPPT最大电压 (V)	最大输入电压 (V)	标称电压 (V)
200	1000	1100	600

最大输入电流 (A)	最大短路电流 (A)	防护等级	最大输入路数
260	40	IP 66	20

长度 (mm)	宽度 (mm)	高度 (mm)
1035	365	700

archelios Calc 计算参数

连接方式	输出电压 (V)	输出电流 (A)	功率因数
三相+中性线 ∨	380	168.8	1

带变压器	IEC 62109	MPPT数	已下市
否 ∨	是 ∨	10	否 ∨

MPPT号	最大输入电流 (A)	最大短路电流 (A)	最大输入路数
MPPT 1	26	40	2
MPPT 2	26	40	2

图 7.9　逆变器参数设置

　　如用户对逆变器组串数量进行手动配置，软件也会自动计算每路 MPPT 的电压和电流合规情况，如图 7.11 所示，MPPT1 接入了 2 路，输入电流超过了 26A，软件用橙色显示，并给出提示，确保用户配置的组串数量在 MPPT 的合理工作范围内，确保系统效率。

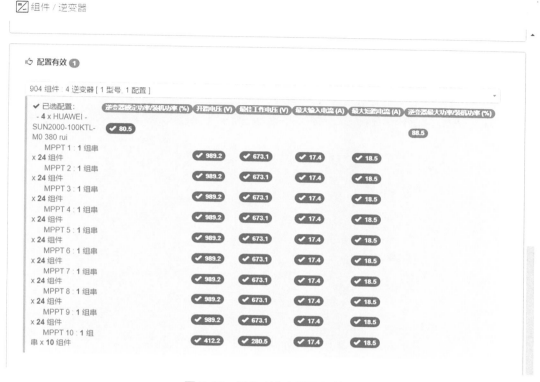

图 7.10 组件 / 逆变器配置结果

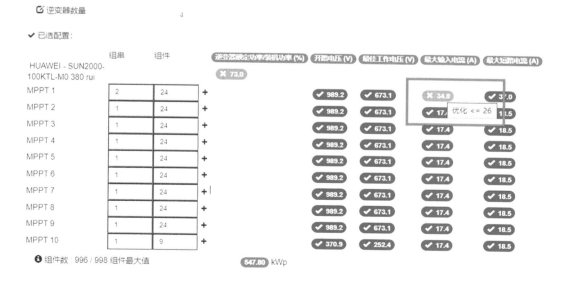

图 7.11 逆变器组串数量手动配置结果

7.3 电池库维护

电池数据库包含电池 pack 或电池盒数据，编辑与新增电池参数的方式与组件和逆变器类似，如图 7.12 所示。有关电池选型时电池容量计算方法，请参考 4.2.2 小节。

扫码看视频
电池库维护

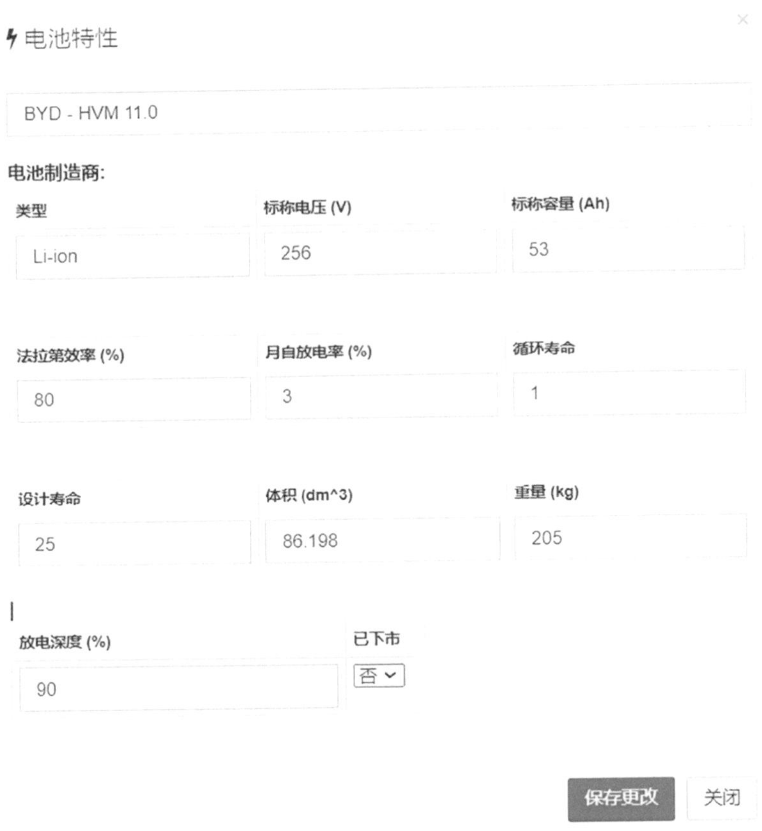
电池特性
BYD - HVM 11.0
电池制造商:
类型
Li-ion
标称电压 (V)
256
标称容量 (Ah)
53
法拉第效率 (%)
80
月自放电率 (%)
3
循环寿命
1
设计寿命
25
体积 (dm^3)
86.198
重量 (kg)
205
放电深度 (%)
90
已下市
否
保存更改
关闭

图 7.12　电池特性

扫码看视频
气象库维护

7.4 气象库维护

archelios PRO 软件内置了 Meteonorm 全球气象站数据库，有超过 8000 个气象站数据集成到在线气象站数据库中。

用户可以通过"添加气象站"或"编辑气象站"来新增气象站数据，新增的气象站数据将直接应用到项目推荐气象数据库中，软件自动推荐距离项目定位地点最近的气象站数据，如图 7.13 所示。

图 7.13　添加和编辑气象站

软件支持直接导入超过 10 种外部格式的气象站数据库，用户根据自己获取的外部气象站数据库格式，进行导入并保存，如图 7.14 所示。

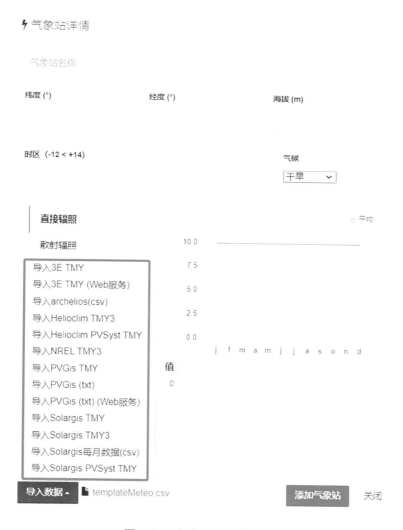

图 7.14　气象站外部数据导入

新建或导入后的气象站数据库根据与项目定位地点距离，在项目第一步中进行推荐，在项目中，用户也可以选取自己导入的数据库（带＊号为用户自建库），应用到项目辐照和发电量的计算，如图 7.15 所示。

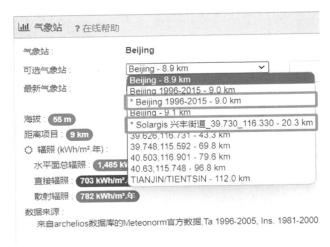

图 7.15　项目气象站推荐列表

7.5　新设备需求

archelios PRO 正式版用户，会获取到用于技术支持的账号和密码，对于新数据库的需求，用户希望由软件官方进行数据库更新时，可单击"新设备需求"按钮，提交需求，如图 7.16 所示。

图 7.16　新设备需求申请

　　登录官方技术支持系统后，提交所需数据库资料，等待官方技术支持团队更新，通过邮件自动获取更新通知，如图 7.17 所示。

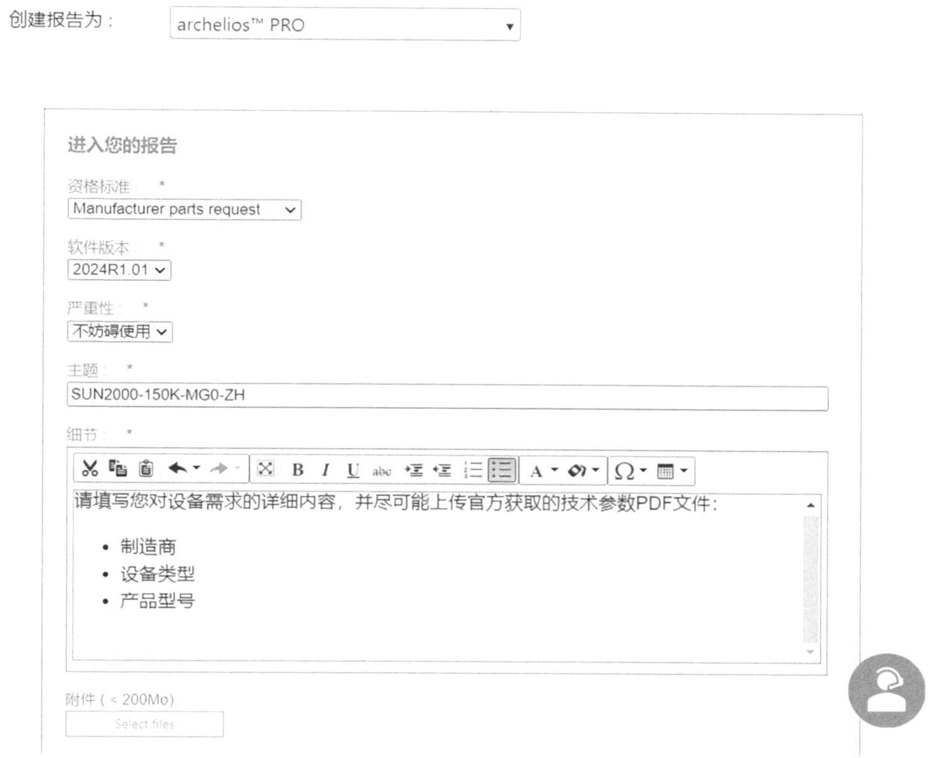

创建报告为： archelios™ PRO

进入您的报告

资格标准 *
Manufacturer parts request

软件版本 *
2024R1.01

严重性 *
不妨碍使用

主题 *
SUN2000-150K-MG0-ZH

细节 *

请填写您对设备需求的详细内容，并尽可能上传官方获取的技术参数PDF文件：

- 制造商
- 设备类型
- 产品型号

附件（< 200Mo）
Select files

图 7.17　创建技术需求报告

　　由软件官方更新的数据库将确保数据质量与制造商官方数据一致，为用户提供更好的设计体验，确保设计质量。